纳米科技探索

——科普与实验(下册)

主编 徐正伟 吴军华
张剑锋 李　超

参编 苗赛男 宗　平
陈　红 金　宏
万　飞 刘　鹏
沈小祥 汪京坪

苏州大学出版社

图书在版编目(CIP)数据

纳米科技探索：科普与实验. 下册 / 徐正伟等主编
. — 苏州：苏州大学出版社，2022.6
ISBN 978-7-5672-3934-0

Ⅰ. ①纳… Ⅱ. ①徐… Ⅲ. ①纳米技术－青少年读物
Ⅳ. ①TB383－49

中国版本图书馆 CIP 数据核字(2022)第 095097 号

NAMI KEJI TANSUO—KEPU YU SHIYAN(XIACE)

书　　名：纳米科技探索——科普与实验(下册)

主　　编：徐正伟　吴军华　张剑锋　李　超

责任编辑：周建兰

助理编辑：杨　冉

装帧设计：刘　俊

出版发行：苏州大学出版社(Soochow University Press)

社　　址：苏州市十梓街 1 号　**邮编**：215006

印　　刷：苏州市深广印刷有限公司

邮购热线：0512－67480030

销售热线：0512－67481020

开　　本：700 mm×1 000 mm　1/16　**印张**：21.25(共 2 册)　**字数**：221 千

版　　次：2022 年 6 月第 1 版

印　　次：2022 年 6 月第 1 次印刷

书　　号：ISBN 978-7-5672-3934-0

定　　价：99.00 元(共 2 册)

苏州大学出版社营销部　电话：0512-67481020
苏州大学出版社网址　http://www.sudapress.com
苏州大学出版社邮箱　sdcbs@suda.edu.cn

目 录

第九章　高级氧化技术在有机废水领域的应用

一、背景介绍

随着社会的快速发展，农业生产过程中各种人工有机肥料被大量使用，导致众多的河流、湖泊出现了严重的富营养化，破坏了水体的原有平衡；同时，现代工业的高速发展，污水排放量的快速增长，进一步加剧了水体环境恶化。从全球视角来看，水体污染正逐渐成为人类社会面临的一大挑战。一方面，水体污染导致水环境受到严重破坏；另一方面，受污染水体通常会产生较大异味，进而影响空气质量。最可怕的污染之一是无法用肉眼观察到的水体污染。近代工业的快速发展导致重金属排放严重超标，通过口鼻难以直接判断这些水体是否会对人体造成危害，若长时间误饮，将导致较为严重的后果。

在常规能源日益紧缺的现代社会，越来越多的国家开始开发核能以替代现有化石能源，从而缓解能源危机。然而，核电系统一旦出现故障，将导致大量具有放射性的物质进入水体。这些物质能够产生具有较大危害性的光学射线，会严重危害水体生态，最终波及人类安全。鉴于水体污染的巨大危害，人们有必要对水体污染进行全面了解，并设法控制。近年来，针对现有的水体污染问题，相关研究和从业人员正积极寻求一系列科学可行的物理或化学处理方案以确保水体污染得到有效解决。

常见的水体污染，通常伴随水体颜色的变化。这些带有颜色的水体通常是由有机或无机化学颜料在排放环节没有得到有效控制所导致。

目前常用的改善水质或水体环境的方法包括传统打捞、过滤等物理方法。一般对于水体中的浮游生物及漂浮物使用该法。通常春夏之交，水体易暴发蓝藻水华事件，如不及时做出反馈，可导致饮用水出现问题。我国多个湖泊，尤其太湖曾多次出现蓝藻问题。蓝藻问题一方面警示着地球环境在持续发生一些人们不太期待的变化；另一方面也警示着人类活动对水体带来的不利影响。在没有从源头上抑制蓝藻暴发前，人们需要及时地清理湖面上的蓝藻，以确保水体生态系统快速恢复平衡，避免蓝藻暴发产生的毒素影响其他生物的生长。更为重要的一点是要确保水体产生的污染不要进一步传递到饮用水中。因此，可采取的措施有：在河流中有专门负责清理蓝藻的小船每天及时将蓝藻打捞，并加以利用；在大的湖面上有自动打捞船忙碌劳作，以改善水体生态环境。

物理打捞对于水体漂浮物来说是一种有效的处理方案，然而该方案对水体中某些以悬浮或者溶解方式与水共存的成分（如水体中的有机成分等），直接使用打捞或过滤等物理方式很难起到好的作用。通常要借助化学或者生物手段对有机质进行处理。

一般废水中包含两类有机物：一类是生物易降解有机物，另一类是生物难降解有机物。对于生物易降解有机物，可以利用好氧/厌氧微生物的降解能力实现水体的自净化。由于有机污水通常具有复杂性和多元性，生物降解手段仅仅能够去除水体中较少的有机物。因此，多数有机污染物需要借助化学手段较为有效地去除。这里重点介绍化学法处理水体中有机污染物。

水体有机污染物通常难以短时间内自主降解，或者难以自我降解成无毒无害物质。因此，通常需要借助外界环境提高其降解速度，并引导其向着更为环保无毒的降解路线进行。鉴于有机物的降解过程通常是指有机物失去电子被氧化的过程，因此，化学法处理有机物通常会选择适宜的氧化剂对污染物进行处理，诸如高锰酸钾、氧气、氯气和双氧水等，能够在一定程度上将水体中的有机污染物氧化降解成短链有机小分子或者二氧化碳等无机物，并以气体形式溢出，从而达到净化水体的目的。

然而，这些传统单一氧化试剂并不能从根本上解决诸如苯类有机物等在喷涂、印刷、食品加工等工艺过程中带来的污染问题。如果处理方式不当，还会带来二次污染。因此，研究者们开始研究更为彻底的处理水体污染物的方法。高级氧化技术对于难降解有机物具有显著的处理效果。该方法在水体中产生氧化能力仅次于氟的羟基自由基，该羟基自由基与难降解有机物直接接触，促进了有机物的快速高效降解，降解产物多为二氧化碳等终极产物，避免了中间有机物的二次污染问题。

早在 1894 年，芬顿（Fenton）发现通过二价铁离子（Fe^{2+}）和双氧水（H_2O_2）共同组成的氧化体系能够有效降解多种有机物。[1]为了纪念芬顿对高级氧化过程做出的卓越贡献，该领域的学者们将 H_2O_2 与二价铁盐这一组合试剂命名为 Fenton 试剂。[2]Fenton 法是一种典型的高级氧化技术，该法产生的羟基自由基的氧化能力远高于目前市场使用的高锰酸钾等强氧化剂的氧化能力。随着近代光电技术和交叉学科的兴起，Fenton 法也与相关技术进行了很好的融合。针对传统 Fenton 法本身的一些缺陷，可以通过光-Fenton 法或者电-Fenton 法进行有效的改进。

研究表明，紫外光和铁离子对 H_2O_2 的催化分解具有明显的协同促进作用，因此，在使用 Fenton 试剂的过程中，可以附以紫外光照射，这种协同效应可以极大地促进 Fenton 试剂对有机污染物的降解。该种方法被称作 UV/Fenton 法或者光助 Fenton 法。基于该法具有较高的反应活性，在实际操作过程中往往需要降低 Fe^{2+} 的使用量，增加紫外光的引入。然而紫外光的引入通常需要额外的设备投入，且光源利用率较低。因此，其改进工作仍在持续进行。研究表明，在该体系中引入柠檬酸三铁或铁-草酸盐络合物时，可在一定程度上提升光源利用率，在处理高浓度有机废水领域也体现出一定的使用价值。

Fenton 试剂中需要使用较多的化学试剂，因此，运输、储存等附加成本较高。如果能够将 Fenton 法进行改进，减少对化学试剂的依赖，将对工农业废水的处理起到明显的效果。因此，可采用附加电压的方式，对传统 Fenton 法进行改进，通过对电-Fenton 电极的开发，促进电极表面快速形成 Fenton 试剂，从而提高废水处理效率。

二、电-Fenton 法

（一）基本原理

电-Fenton 法处理水体中有机物的方式与传统 Fenton 法一致，都是通过羟基自由基的强氧化能力分解水体中的有机质。其与传统 Fenton 法的区别在于，Fenton 试剂的来源不同。相较于 Fenton 法的 H_2O_2 和 Fe^{2+} 全部需要外部加入，电-Fenton 法可以通过电驱动的方式，在电解液体系中源源不断地产生 H_2O_2 或 Fe^{2+}。根据电-Fenton 法类型的不同，可以选择通过向水体曝气的方式将氧气（O_2）还原为 H_2O_2，而 Fe^{2+} 也可以通过阴极的还原反应得到。例如，在酸性电解液体系中，O_2 在阴极获得两个电子被还原成 H_2O_2。H_2O_2 的产生及电-Fenton 的效率取决于优异电极的构筑和操作条件的选择。H_2O_2 与 Fe^{2+} 构成 Fenton 试剂，反应过程中形成羟基自由基和 Fe^{3+}。其中，羟基自由基可对有机物起到降解作用，而 Fe^{3+} 在电场力的作用下被吸附到阴极还原成 Fe^{2+}。综合而言，该法能够极大地降低传统 Fenton 法对化学试剂的依赖，可以实现 Fenton 试剂中 H_2O_2 的在线生成，且可以循环利用 Fe^{2+}。电化学产生 H_2O_2，避免了这种所谓的易制爆化学试剂在购买、运输、储存等环节上的不便，而阴极持续产生的 Fe^{2+} 提高了有机物的降解效率，也可有效减少传统 Fenton 法产生的矿化污泥。

（二）电极材料

电-Fenton 过程形成的羟基自由基具有特别高的氧化能力，可以降解多种有机污染物。针对不同的废水处理行业，若想最大限度地降解有机污染物，需要针对性地研究其相关影响因素，以便提升其处理效果。阴极是 H_2O_2 的产生场所，同时也是 Fe^{2+} 循环产生的场所。因此，阴极材料对于有机污染物的处理具有至关重要的作用。汞、石墨、碳纤维、玻璃碳等都可以用作电-Fenton 阴极材料。但汞的毒性较大，因此应用较少。传统石墨电极具有毒性低、析氢电位高和稳定性好的优点，因此被开发较多。然而，石墨的比表面积低，对有机物的降解效率较低。因此，具有独特的孔结构和优异的导电性能的多孔石墨烯电极是一种较好的选择。多孔石墨烯电极的微小孔结构有利于溶解氧进入电极内部，提升活性位点的利用率。这些活性位点有利于溶解氧与电极的电化学反应，从而形成更多的 H_2O_2。相较于石墨等电极材料，多孔石墨烯电极可以缩短金属离子的传输路径，加快 Fenton 试剂的反应速率。

一般电极材料催化效果较弱，因此，在电-Fenton 发展过程中，科学家们根据基于对电化学过程的理解和催化原理的认识，发展了具有微纳多级孔结构的三维电极材料。这里以较为常见的功能化电极为例，介绍几种制备多孔材料的方法。

（1）纳米铸造法：这种方法又叫硬模板法。顾名思义，要通过这种方法合成多孔碳，首先需要找到一种合适的硬模板材料。鉴于介孔氧化硅是一种比较成熟的硬模板，通常大家都会以介孔氧化硅为依托，在其孔道内填充碳源（蔗糖、葡萄糖、三聚氰胺等易于加热流动的有机物）。经过高温处理后，有机物分解模板孔道内剩余碳材料。将模板小心刻蚀处理后，依托模板结构产生了有序介孔碳材料。这种生长多孔碳结构的方法主要依赖于所选取模板的结构，可以根据不同需求，采用不同的硬模板，也可以根据反应条件适当调节所形成的多孔碳的结构。

（2）表面活性剂自组装法：这种方法也叫作软模板法。该方法是基于表面活性剂的自组装能力，并且可以通过这种自组装行为形成微米级或者纳米级的有序结构。在常规的合成过程中，先将表面活性剂与可溶性有机物前驱体置于有机溶剂中，确保初始阶段表面活性剂浓度较低不会形成较多的胶束。随着有机溶剂的挥发，表面活性剂在有机溶剂中的浓度不断提高，当达到其临界浓度时，有机前驱体会与表面活性剂发生共组装，形成有序结构。进一步交联固化后其有序结构得到保留，通过碳化脱模处理，即可获得有序的纳米多孔材料（图 9-1）。

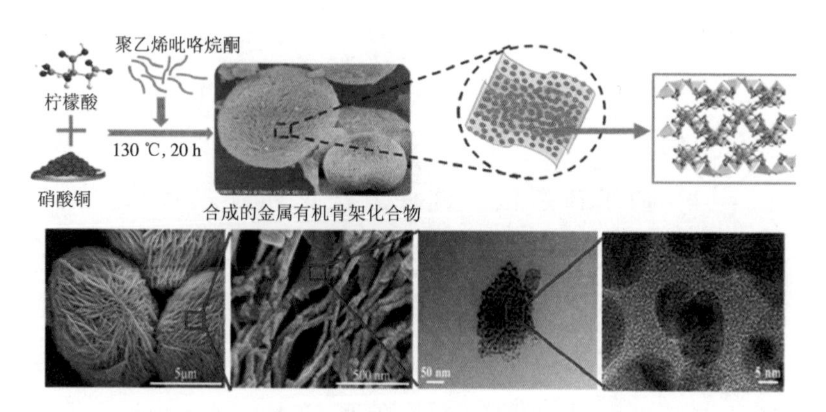

图 9-1　制备的三维纳米多孔材料分级结构图

（3）活化法：将原始材料进行刻蚀造孔。通常碳材料的比表面积较低，不具备三维材料的高表面活性。科学家们基于化学反应的方式开发了活性炭活化技术。一般可以通过选择比表面积相对较小的碳作为原料，在体系中添加水蒸气、二氧化碳、小苏打或者酸碱材料等，将体系温度提升到 600°C 以上。这时碳原子会与水蒸气或二氧化碳等发生反应生成一氧化碳。这个过程就相当于在原始光滑的材料表面不停地进行原子层的刻蚀。随着碳材上碳原子的不断释放，在原始材料表面上就出现了不同大小的空洞。根据需要，可通过调整活化的温度、时间、活化剂类型及活化剂比例等多种方式控制形成孔的效果。原则上，这种方式可以形成碳原子级别大小的孔。当刻蚀时间较长时，可以形成 1～50 nm 不等的孔结构。这种孔的大小和比表面积的数值，可以通过氮气等温吸附/脱附曲线进行计算。

演示实验

电-Fenton 体系搭建及用于有机物降解实验

实验目的

（1）了解有机废水处理基本原理。

（2）掌握基本化学实验操作和技巧。

（3）探究不同 pH、电压及电极材料对电解有色物质（罗丹明 B 溶液）的影响。

实验原理

电-Fenton 法处理水体中有机物是通过电化学辅助的方式增进 Fenton 处理效果的一种方式。在电驱动下产生羟基自由基，并用以氧化分解水体中的有机物。电实验原理 Fenton 法通过电极表面的电化学反应，形成 Fenton 试剂（H_2O_2 或 Fe^{2+}），可替代外加试剂。在酸性体系环境中，氧气在阴极得到电子被还原，并与氢离子结合生成过氧化氢，化学反应式如下：

$$O_2 + 2H^+ + 2e \longrightarrow H_2O_2$$

Fe^{2+} 可直接添加试剂，也可通过阳极氧化的方式产生。溶液中 H_2O_2 与 Fe^{2+} 结合产生 Fe^{3+} 和高氧化活性的羟基自由基。有机质中电子较易被羟基自由基捕获，从而发生化学键断裂。随着反应的持续进行，大分子有机物可实现彻底降解。

实验材料和设备

1.5 V干电池、导线、线夹、100 mL烧杯、泡沫铜、泡沫镍、碳布、罗丹明B、甲基橙、稀盐酸。

实验步骤

1. 探究不同pH对电解法处理罗丹明B的影响

（1）配制等浓度的罗丹明B溶液。

（2）仅对其中一组滴加酸性溶液，使之呈酸性。

（3）组装电解装置：将两节1.5 V电池串联，正负电极材料均为碳布，将电极材料置于罗丹明B溶液两边，切勿两极接触，如图9-2所示。

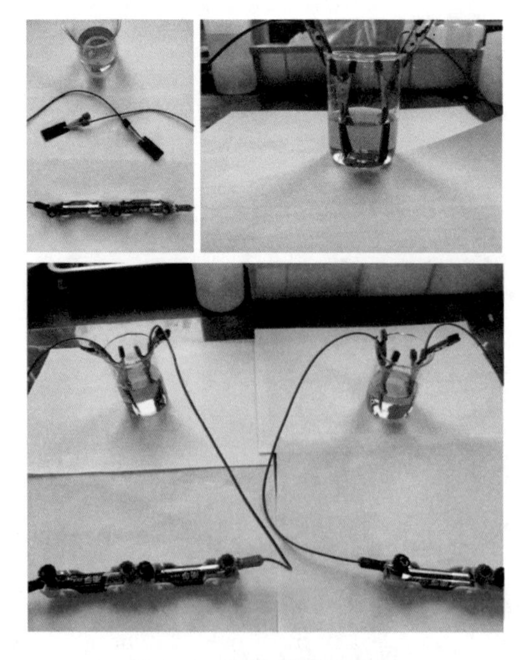

图9-2　电解装置组装图

（4）观察现象，并做好记录，探究酸性溶液与中性溶液的不同影响，如图 9-3 所示。

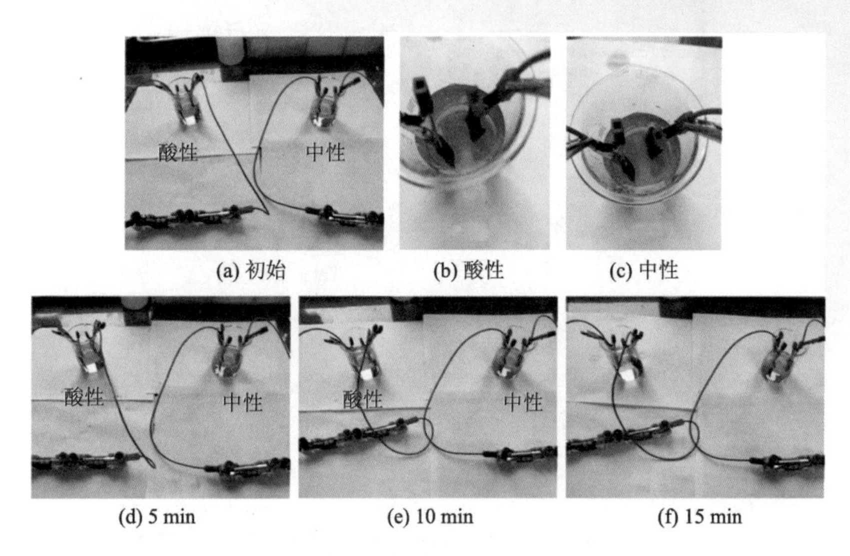

图 9-3　不同 pH 对电解法处理罗丹明 B 影响的实验图

2. 探究不同电压对电解法处理罗丹明 B 的影响

（1）配制等浓度的罗丹明 B 溶液。

（2）对两组溶液滴加等量的酸性溶液，使之呈酸性，且酸性保持一致。

（3）组装电解装置：对其中一组采用两节 1.5 V 电池串联（3 V），另一组使用四节 1.5 V 电池串联（6 V），正负电极材料均为碳布，将电极材料置于罗丹明 B 溶液两边，切勿两极接触。

（4）观察现象，并做好记录，探究不同电压的影响，如图 9-4 所示。

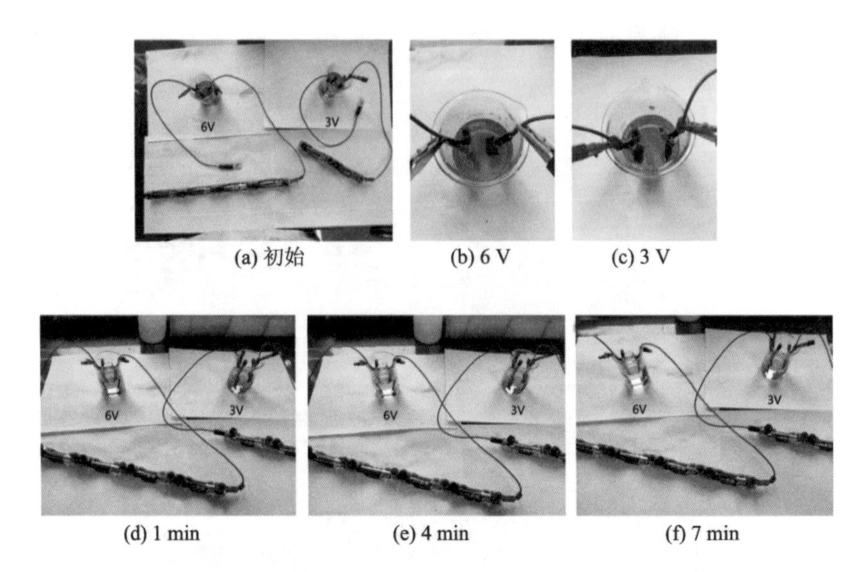

(a) 初始 (b) 6 V (c) 3 V

(d) 1 min (e) 4 min (f) 7 min

图 9-4 不同电压对电解法处理罗丹明 B 影响的实验图

3. 探究不同电极对电解法处理罗丹明 B 的影响

（1）配制等浓度的罗丹明 B 溶液。

（2）对两组溶液滴加等量的酸性溶液，使之呈酸性，且酸性保持一致。

（3）组装电解装置：两组均使用两节 1.5 V 电池串联，其中一组的正负电极材料为碳布，另一组正负电极材料采用泡沫铜，将电极材料置于罗丹明 B 溶液两边，切勿两极接触。

（4）观察现象，并做好记录，探究不同电极材料的影响，如图 9-5 所示。

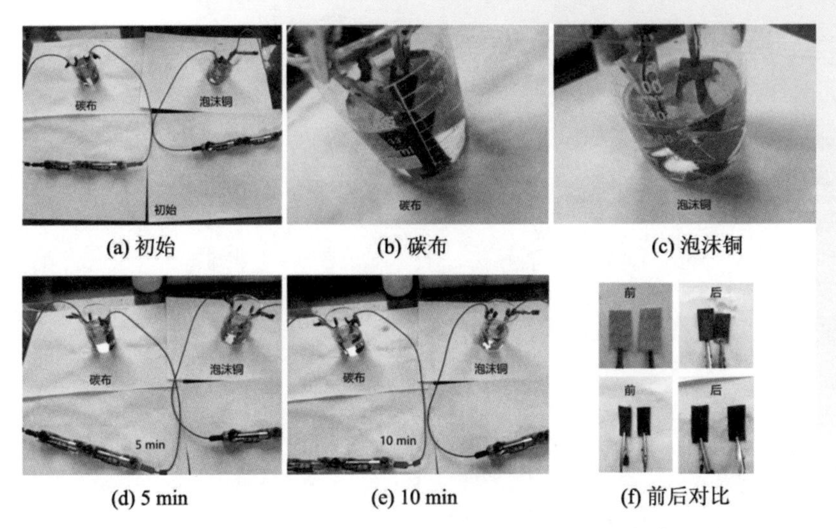

(a) 初始　(b) 碳布　(c) 泡沫铜

(d) 5 min　(e) 10 min　(f) 前后对比

图 9-5　不同电极材料对电解法处理罗丹明 B 影响的实验图

思考题

（1）从三组实验中，可以得出什么样的结论？

（2）是否有其他方法可以得到类似的结果？

（3）为什么罗丹明 B 溶液呈现出红色，其在处理后颜色消失的原理是什么？

参考文献

[1] 项伟，孔诗雨，翟林峰．Ni/GF 复合材料的制备及电 Fenton 降解罗丹明 B 的研究 [J]．环境科学与技术，2018，41（3）：130-133.

[2] 许琪，万艳雷，陈浩，等. 基于酸化与 Fenton 试剂处理的焦化污泥脱水过程及其重金属迁移研究 [J]. 环境科学学报，2021，41（12）：4880-4887.

第十章 水下晶体花园构建

一、背景简介

水下花园的形成是一种有趣的化学自组装过程。早在1646年，格劳伯（Glauber）在一本专著中指出："当任何金属被放入某些水溶液，它在24小时内开始以植物和树木的形式生长，植物的这种颜色和外观取决于不同金属自身的属性。"早期学者们称这种结晶结构为哲学树，而且认为这种结构不仅是一种看上去非常漂亮的植物，更认为该类物质会具有很好的应用前景。受格劳伯（Glauber）的影响，17世纪中后期，罗伯特·波义耳（Robert Boyle）和艾萨克·牛顿（Isaac Newton）也分别研究了水下花园实验。罗伯特·波义尔认为金属在硅酸盐体系中可以长出类似于树枝、树根或者树的其他组成部分的结构。后人在艾萨克·牛顿的手稿中也发现其关于水下花园实验的印记。他在植物的自然规律和过程的手稿中提到过金属盐及所谓的“玻璃里的植物”的说法。

随着科技的发展和人们对物质世界认识的不断深入，近年来，相关研究者对水下花园实验的认知更加深入、细致，并有很多学者对该类实验做过系统研究。这些结果表明，水下晶体花园实质上是各种不同金属离子与硅酸盐、碳酸盐或者其他聚合阴离子结合而形成的植物状结构（图10-1）。当这些金属盐沉淀到硅酸盐中时，金属离子与硅酸根结合，形成硅酸盐凝胶。这种凝胶具有半透膜的特殊属性，靠着渗透压的作用，允许水分子从原始硅酸钠等盐中流向凝胶内部的金属盐晶体中。随着水分子不断渗透进入凝胶内部，凝胶膜内的压力不断上升，当达到凝胶膜耐压临界值时，凝胶膜被压破，形成一个断裂处，金属离子将顺着断裂口流向硅酸钠溶液并继续形成新的凝胶。因此，它的形态是渗透压通过半透膜驱动的强制对流和由于浮力产生的自由对流的产物，根据配出的盐溶液与外部硅酸钠

图 10-1 典型水下花园现象

盐溶液密度的差异，可以发现最后形成不同尺寸和形状的结构。由于内部盐的密度通常小于外部硅酸盐的密度，晶体会向上生长，其形成过程类似于植物的生长过程。

如图 10-2 所示，水下花园晶体的形成依赖于所选择的聚合阴离子的种类及金属盐离子的类别。图 10-2（a）是典型的硅酸钠溶液中加入三价铁离子形成黄棕色结构。而图 10-2（b）对应的则是碳酸钠溶液中加入氯化钙所形成的白色结晶。将硅酸钠溶液中加入钴离子并调控浓度及温度等反应条件，则可以获得类似于图 10-2（c）中的特殊效果。

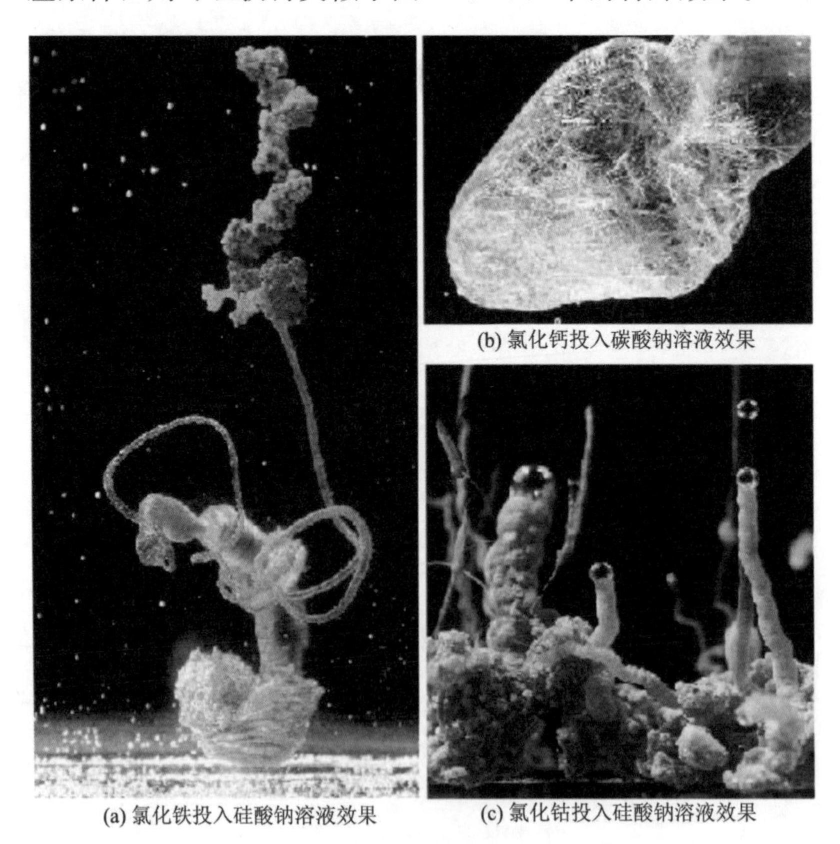

(a) 氯化铁投入硅酸钠溶液效果

(b) 氯化钙投入碳酸钠溶液效果

(c) 氯化钴投入硅酸钠溶液效果

图 10-2　不同种类盐形成的特殊结构水下晶体

这些宏观上的特殊结构也可以为将来设计和构筑纳米结构材料提供灵感和帮助。比如大家熟知的碳纳米管的合成，就与我们水下花园的形成过程有很多类似的地方。碳纳米管的制备有一种比较经典的方法，叫催化裂解法。碳纳米管材料体系中主要以碳元素为主，因此，在选取原材料时，一般会选择一些含有碳元素的化学试剂。通常会用甲烷、乙烷、乙烯、丙烯和苯等有机小分子，或者选择一氧化碳等含碳的无机小分子。这些气体分子在高温或者高能量（电弧、激光和等离子体）的作用下，会裂解产生碳原子、气体分子或原子。正如水下花园是通过物质的重力、浮力及静电力等多种力的相互作用，形成一定的形状和结构，碳纳米管的形成也需要借助外力进行诱导，否则就只能形成无定形碳或者短程规则的排列结构。科学家们发现，在这些含碳小分子裂解过程时，如果有过渡金属镍、铜或者锌的参与，碳原子就会沿着某一个方向生长，从而形成碳纳米管或者石墨烯。这些少量的过渡金属可以调节碳的排布，从而构建起具有一定规则结构的碳材料。

金属催化剂的催化能力或催化效果与金属纳米颗粒的尺寸也有明显的关系。通常负载型金属纳米材料对催化活性和选择性有重要影响。从催化的机理上，随着金属纳米尺寸的逐渐减小，金属表面原子数逐渐增多，原子暴露与被催化对象的接触机会越大，催化能力越强。这就是为什么科学家们正在把材料往更小的尺度做，以期获得更大的活力。从核外电子的角度来说，随着金属颗粒的纳米化，电子能级逐渐形成量子尺寸效应，这种效应会影响到材料间的电荷转移和反应活性。而纳米颗粒的尺寸及其电子结构对反应活性的影响具有一定的相关性，究竟谁在催化过程中起到主导作用，目前还没有比较具有说服力的说法。期待同学们依托物质科学的基本知识，发挥自己的想象能力，设计一些简单的科学小实验，分析和总结纳米技术在物质生长中的作用和可能的影响机制。

由于其特别的生长过程及较明显的类生物生长特点，这类实验更容易为中小学科普实验之用。实际上，化学花园实验在腐蚀防护等工业领域的应用潜力巨大。而具有半透性沉淀膜的天然化学花园在自然界中也有很多案例。例如，海底的热液喷口，很多学者甚至认为这可能是生命起源的地方，若真能验证出热液喷口与生命起源的相关性，那么可以认为水下晶体花园不仅在外观上类似于生物的生长过程，其实质与生命或者生物的起源、成长也有着密不可分的关系。

按照传统的化学分类，水下花园属于典型的胶体和界面化学。因此，对胶体化学和界面化学的初步学习，对于我们掌握水下花园实验的精髓和成功完成水下花园实验具有重要意义。

二、胶体（Colloid）与界面化学

（一）胶体

胶体又称胶状分散体，是一种较均匀的混合物，在胶体中含有两种不同状态的物质：一种为分散质，另一种为

连续质。分散质的一部分是由微小的粒子或液滴所组成的。分散质粒子直径在1～100 nm的分散系是胶体。胶体是分散质粒子直径介于粗分散体系和溶液之间的一类分散体系，这是一种高度分散的多相不均匀体系，能发生丁达尔现象（丁达尔效应），如图10-3所示。

图10-3　丁达尔现象

常见的胶体有Fe（OH）$_3$胶体、Al（OH）$_3$胶体、硅酸胶体、淀粉胶体、蛋白质胶体、豆浆、雾、墨水、涂料、AgI胶体、Ag_2S胶体、As_2S_3胶体、有色玻璃、果冻、鸡蛋清、血浆等。

（二）界面化学

界面化学（图10-4）是研究物质在多相体系中表面的特征和表面发生的物理和化学过程及其规律的科学。界面化学研究的内容不仅仅局限于化学过程和规律，对界面体系特征、物理过程和物理规律也进行研究（由于胶体体系中也存在相界面且其比表面积大，胶体化学也属于界面化学。不过现在它已经发展为一门独立的学科了）。界面化学与人们日常生活和工农业生产密不可分。像明矾净水、肥皂去污、人工降雨、原油去水等都是界面化学的研究内容。

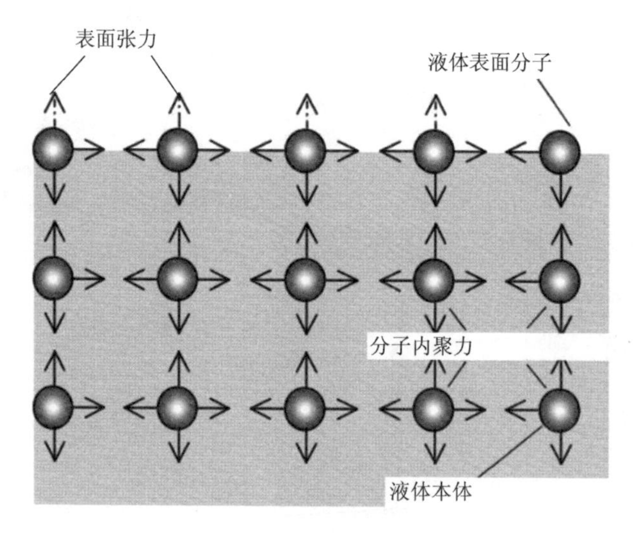

图 10-4　界面化学中的表面张力和表面自由能

胶体与界面化学是研究胶体分散体系和界面现象的一门科学，与能源、材料、生物、化学制造和环境科学有密切的关系，渗透到国民经济的各个主要领域中，涉及其中的一些重大科学问题，如土壤改良、功能与复合材料、三次采油、浆体的管道运输、人造血浆、药物缓释与定向输运、摩擦与润滑和油漆涂料等，与国家安全、能源开发、环境保护和人民生活等方面密切相关，因此，在社会与经济可持续发展中具有重要的地位。

近年来，由于先进功能材料、仿生学和生物医药等学科的迅速发展，在纳米尺寸（胶体）范围内进行分子组装和材料的制备已经引起了人们的广泛关注。构建具有各种功能与结构的有序分子组合体和进行仿生合成，特别是与生命现象有关的超分子组装、新型两亲分子有序聚集体的构建和分子间相互作用的研究方兴未艾。胶体体系近年来也经常被称为“软凝聚态物质”或“软物质”，表明它们的结构与动态性质受弱的物理作用所掌控。随着热力学、统计力学和液体理论的不断发展及计算机模拟的进步，该领域越来越成为研究的热点。

（三）化学自组装

人类对物质世界的认识经历了漫长的发展阶段，今天，我们知道了物质通常是由很小的微粒构建而成的。作为充满好奇心的人类，除了关注物质是由什么构建起来的之外，还特别关注这些物质为什么以某一特定方式排列组合，以及它们的运动规律。正是由于这种好奇心的驱使，科学家们发现了牛顿定律，发现了各种原子、分子结构模型。这些规律和模型的出现，为现代学科的发展注入了新的活力。现代化学家们希望在现有化学学科知识的驱动下，合成出具有特异性能的材料。这种合成与物理学上简单的切割、叠加等方式不太一样。化学上的合成是通过不同物质在一定的反应条件下（温度、压力和催化剂等）合成一种新的物质。尽管经过长期的发展，人类已经掌握了大量的合成方法合成新的材料，然而，这些合成的精妙程度与“造物主”对大千世界纷繁复杂的创建相比，仍显得特别渺小。

在自然界，生物通过数以千万年对环境的适应，为人类构建了众多美妙的结构。例如，壁虎为适应纵向攀爬生长的绒毛，爬山虎为负载到墙壁而分泌的黏液，蜘蛛为捕获猎物而构建的蜘蛛网结构，等等。这些结构也为科学家们构建新的材料体系提供了灵感和创造力。通过观察这些生物现象，科学家们也构建了类似的结构，并期待在相关领域得到有效应用。

2005 年，*Science* 杂志在创刊 125 周年纪念专辑中发布了 21 世纪面临的 125 个最具挑战性的科学问题，其中，“How far can we push chemical self-assembly?”被列为重大科学问题之一。这一问题的提出，充分展现了当下科学家对自组装技术的关注。接下来将揭开化学自组装的神秘面纱。

自组装（self-assembly），是指基本结构单元（分子、纳米材料、微米或更大尺度的物质）自发形成有序结构的一种技术。在自组装过程中，基本结构单元在基于非共价键的相互作用下自发地组织或聚集为一个稳定、具有一定规则几何外观的结构（图 10-5）。

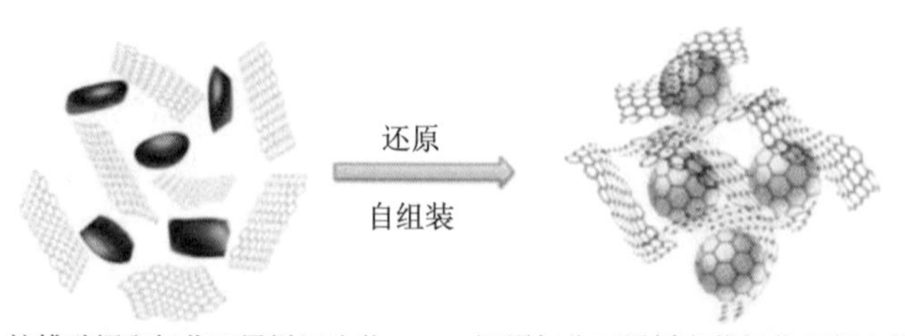

图 10-5　化学自组装过程示意图

结合水下花园实验中硅酸铜构建过程来理解其自组装过程。硅酸钠与氯化铜反应，首先在溶液底部形成硅酸铜的初始膜。在渗透压的作用下，硅酸铜半透膜破裂，新鲜裸露的氯化铜与硅酸钠继续反应生成硅酸铜。此时新形成的硅酸铜与初始硅酸铜通过吸附方式停留在其表面，并发生自组装。这些物质间相互作用，并在重力、浮力、电场力等多种外力作用下进行结构调节，最终形成具有特定结构的组装体系。外界条件的改变通常会影响结构组装效果，因此可以通过对该过程的理解，利用自组装技术构建具有特异结构和功能的材料，以满足不同领域的应用需求。

三、半透膜与渗透压

（一）半透膜

1748 年的一天，法国物理学家诺勒（Nollet）为了改进酒的制作水平，设计了这样一个试验：在一个玻璃圆筒中装满酒精，用猪膀胱封住，然后把圆筒全部浸在水中。当他正要做下一步的工作时，突然发现，猪膀胱开始向外膨胀，随即发现水通过膀胱渗透进了圆筒，最后膀胱竟然被撑破。这是现代科学试验中最早发现膜及膜的穿透作用的记录。

1830 年，法国生理学家杜特罗夏（Dutrochet）做了膜内外渗透压试验，他用一个钟罩形的玻璃容器，下面用羊皮纸密封，从上面插进一支长玻璃管，容器中分别放入各种不同浓度、不同物质的溶液，然后把它浸入水槽中。于是观察到玻璃管内液面上升，发现其升高值与溶液的浓度成正比。他解释说，这个压力是由于外面的水通过羊皮纸向溶液方向逸出而产生的，并命名这种现象为“渗透”。直到1854年英国科学家格雷厄姆（Graham）在试验中发现，放置在半透膜一侧的晶体会比胶体更快地扩散到另一侧，并应用到超纯水机的设计里，据此提出了透析的概念。这时人们才对半透膜产生了兴趣，并由德国生物化学家特劳白·莫里茨（Traub Moritz）在1864年制造出了人类历史上第一张人造膜——亚铁氰化铜膜。

1960年，对于膜发展技术的历史来说具有跨时代的意义。这一年人类终于实现了从苦咸水中制取淡水的梦想，工作于美国加利福尼亚大学洛杉矶分校的科学家研制出了世界上第一张非对称醋酸纤维素反渗透膜，这种膜与以前的均质醋酸纤维素反渗透膜具有同样高的脱盐率，不同之处是在形态结构上是非对称的，而且水的渗透量增加了近十倍。这种反渗透膜的成功研制，使反渗透过程从实验室走向了工业应用。与此同时，这种用相转化法制造非对称分离膜的新工艺引起了学术、技术和工业界的广泛重视。

半透膜是一种只让某些分子和离子扩散进出的薄膜，一般来说，半透膜只允许离子和小分子物质通过，而生物大分子物质不能自由通过半透膜，原因是半透膜的孔隙的大小比离子和小分子大，但比生物大分子如蛋白质、淀粉等小，如羊皮纸、玻璃纸等都属于半透膜（图 10-6）。

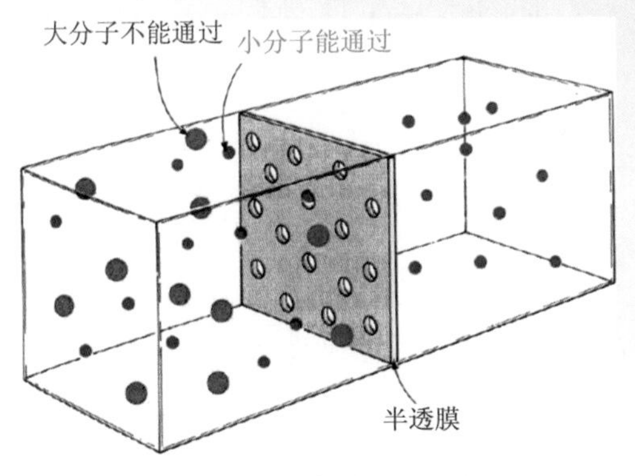

图 10-6 半透膜示意图

半透膜的特点：具有选择性的薄膜（图 10-7）。如玻璃纸只允许水透过蔗糖溶液中，而蔗糖分子不能透过；动物的膀胱允许水透过，而不允许酒精分子透过；灼热的钯或铂允许氢透过，而氩分子不能透过。

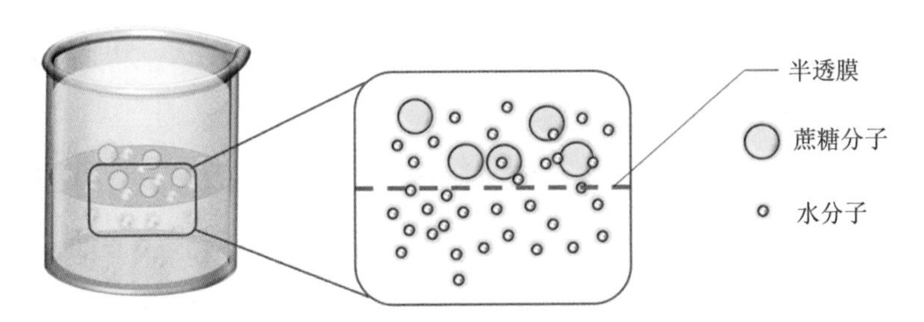

图 10-7 半透膜选择性特点原理示意图

半透膜可用多种高分子材料制成，用以分离不同分子量的物质。半透膜主要应用于膜分离技术中的反渗透和超滤。其应用于反渗透过程时被称为反渗透膜，是具有水性基团的薄膜，膜不仅具有筛滤作用，还有对水分子的优先吸附作用。在污水处理中用到的膜处理技术有电渗析、反渗透和超滤，其所用的均为半透膜。半透膜应用在工业废水治理领域，有的已具生产规模，有的还处于实验室研究阶段。

（二）渗透压

1886 年，范特霍夫（Van't Hoff）根据实验数据得出一条规律：对稀溶液来说，渗透压与溶液的浓度、温度成正比，它的比例常数就是气体状态方程式中的常数 R。这条规律称为范特霍夫定律。

将溶液和水置于 U 型管中，在 U 型管中间安置一个半透膜，以隔开水和溶液，可以见到水通过半透膜往溶液一端跑，若于溶液端施加压力，而此压力可刚好阻止水的渗透，则称此压力为渗透压。渗透压的大小和溶质的质量摩尔浓度、溶液温度和溶质解离度相关，因此，若已知渗透压的大小和其他条件，可以反推出溶质的分子量。范特霍夫因为渗透压和化学动力学等方面的研究成为史上第一位获得诺贝尔化学奖的科学家。

对于两侧水溶液浓度不同的半透膜，为了阻止水从低浓度一侧渗透到高浓度一侧而在高浓度一侧施加的最小额外压强称为渗透压（图 10-8）。渗透压与溶液中不能通过半透膜的微粒数目和环境温度有关。在温度一定时，稀溶液的渗透压力与溶液的浓度成正比；在浓度一定时，稀溶液的渗透压力与热力学温度成正比。

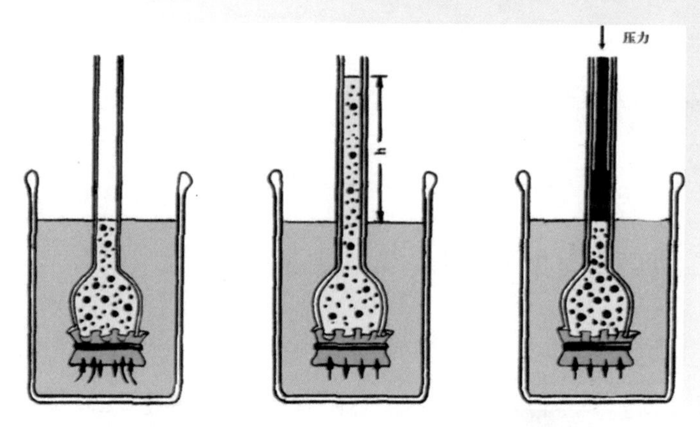

图 10-8　渗透压的产生及测定示意图

演示实验　水下花园

实验目的

（1）熟悉化学基本操作。

（2）探究影响“水下花园”形状的因素。

（3）了解化学实验“水下花园”的制作原理和过程。

实验原理

硅酸钠（Na_2SiO_3）是一种类似于氯化钠（NaCl）的玻璃状固体，易溶于水，其水溶液俗称水玻璃，是“水中花园”的主要成分。如图 10-9 所示，将金属盐固体加入硅酸钠溶液后，金属盐固体就开始缓慢地和硅酸钠反应生成各种不同颜色的硅酸盐，由于除碱金属外的硅酸盐基本上难溶于水，因此附着在金属盐表面的硅酸盐会形成一种胶体。这些五颜六色的胶体与硅酸钠溶液之间的界面会形成一层半透膜，由于渗透压的关系，水不断渗入膜内，胀破半透膜，使金属盐又与硅酸钠溶液接触，生成新的金属硅酸盐胶体。通过反复的渗透—膨胀—生长，就逐渐形成了多姿多彩的“水下花园”景观。

其中涉及的化学反应式有：

$$CuSO_4 + Na_2SiO_3 = CuSiO_3\downarrow + Na_2SO_4$$

$$MnSO_4 + Na_2SiO_3 = MnSiO_3\downarrow + Na_2SO_4$$

$$CoCl_2 + Na_2SiO_3 = CoSiO_3\downarrow + 2NaCl$$

$$2FeCl_3 + 3Na_2SiO_3 = Fe_2(SiO_3)_3 \downarrow + 6NaCl$$

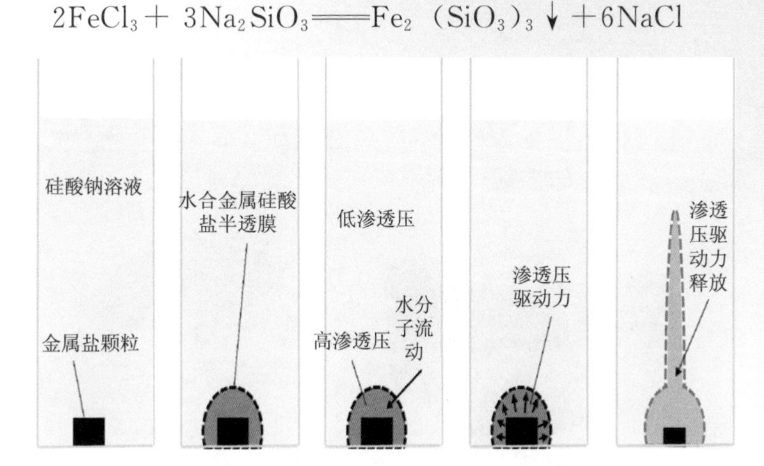

图 10-9　水下花园生长原理示意图

实验材料和设备

去离子水、硅酸钠（Na_2SiO_3）固体、硫酸铜（$CuSO_4$）固体、氯化钴（$CoCl_2$）固体、硝酸锌[$Zn(NO_3)_2$]固体、氯化铁（$FeCl_3$）固体、硝酸钙[$Ca(NO_3)_2$]固体（图 10-10），烧杯、玻璃棒、药匙、恒温加热台、电子天平等（图 10-11）。

图 10-10　各种金属盐固体颗粒外貌

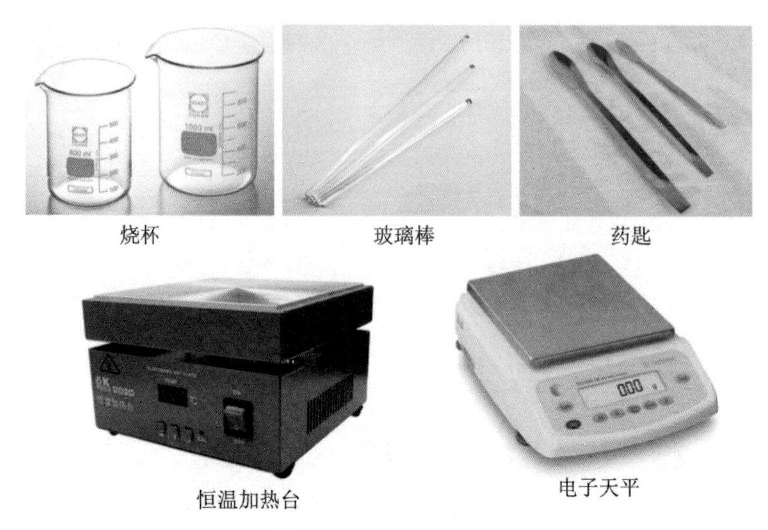

图 10-11　本实验所涉及的实验室常见仪器

实验原理

本实验将通过不同种类金属盐与硅酸钠反应，生成不同颜色的金属硅酸盐胶体，在固体、液体的接触面形成半透膜，由于渗透压的关系，水不断渗入膜内，胀破半透膜，使金属盐又与硅酸钠溶液接触，生成新的金属硅酸盐胶状。反复渗透，硅酸盐生成芽状或树枝状，从而产生类似水下花园的现象。

实验步骤

(1) 取三个烧杯标记为 A、B、C，在烧杯中加入等量的去离子水，如 50 mL，约为 50 mg。

(2) 称取不同质量的硅酸钠固体颗粒放入 A、B、C 烧杯中，使得三个烧杯的硅酸钠质量分数分别为 10%、20%、30%。

（3）使用玻璃棒持续搅拌，直到硅酸钠和水完全混合，并且看不到任何分层（硅酸钠固体颗粒难以搅拌溶解时，可适当加热搅拌溶解）。

（4）把烧杯放在易于观察的位置，静置，直到液体完全静止。

（5）使用一对镊子镊取每种金属盐的一个或两个晶体颗粒放入A、B、C烧杯中（尽量确保晶体不会彼此靠近），观察现象并做好记录。

思考题

（1）根据实验记录，描述上述盐在加入硅酸钠水溶液前后的颜色变化、对应“花木”生长的形状和相对快慢。

（2）影响“花木”生长的条件有哪些？在条件相当的情况下，哪几种硅酸盐“花木”生长较快，你认为其主要原因是什么？试说明理由。

（3）是否可以将“水下花园”做成一个可以长期观赏的工艺品，如果可以的话，应在此实验的基础上做哪些方面的工作？

第十一章 指纹追踪技术初探

美剧《神盾局特工》中，一名特工拿着一个酒杯在一块餐布上方转动了一圈，餐布上就出现了杯子主人的指纹，然后用这些指纹轻易就打开了房间里层层保护的密室。这是怎么回事呢？原来，这个餐布是一个简易的扫描仪，它能把杯子上残留的指纹进行扫描成像，然后去解锁由指纹主人设置的指纹锁，这样就很简单地打开了上锁的密室。除了这个场景之外，各种刑侦片中还经常出现警务人员用一个小毛刷在特定区域来回刷几下，然后就发现有明显的指纹纹路出现，最后根据这个指纹纹路找到了相关人员的线索并顺利破解了案件。这些都是指纹识别技术的应用。近年来，基于人工智能（Artificial Intelligence，AI）的发展，指纹识别、人脸识别、虹膜识别、声纹识别及DNA识别等生物特征识别技术，都成为对人员鉴定的有效方法之一。其中，指纹识别因其较高的稳定性和特异性，在生活中逐步为大家所接受，尤其在刑侦、安保等领域都有着重要的作用，而日常生活中最常见的就是利用指纹解开手机和门锁。

指纹识别到底是什么样的一个过程？又如何能通过指纹找到需要的信息呢？指纹技术分为指纹显现、指纹鉴定及指纹识别三大类，其中，指纹识别是目的，指纹鉴定是过程，而指纹显现是整个指纹技术的基础，这是因为只有显现出指纹后才能进行后续的鉴定和识别过程。传统的指纹显现方法包括粉末法、“502”胶熏显法、碘熏法、茚三酮法等，这些方法在某些特定情况下，能对发现的指纹进行最大程度的显现，供技术人员进行鉴定和识别。但由于指纹载体环境的复杂性，现有的显现技术运用满足不了所有的显现过程，因此，针对不同环境和样本的指纹显现技术，一直是指纹研究人员想要攻克的难题。

纳米材料是一种尺寸极小的材料，广义上是三维空间中至少有一段处于纳米尺度范围，其独特的尺寸效应使得其具有特殊的吸附性能或发光性能。近年来，随着现代科技特别是生物化学及仪器分析技术的发展，纳米材料与纳米技术由于其独特的优势，在指纹显现中的地位也越发重要起来。本章从传统的指纹显现技术出发，介绍指纹显现和指纹识别的过程，并探索纳米材料和纳米技术在指纹显现领域的应用。

一、指纹的成分和分类

指纹一般指的是手指末端皮肤上特有的花纹，由皮肤上的隆起线构成；广义的指纹则包括指头纹、指节纹和掌纹（本章节讨论的指纹均指的指头纹）。凸起的部分被称作乳突线，凹下去的部分则被称作小犁沟（图 11-1）。乳突线的起点、终点、分叉点、结合点等都被称为指纹的细节特征点，这种细节特征有无数种排列，目前世界各地尚未发现两枚一模一样、具有同样纹路和细节的指纹。

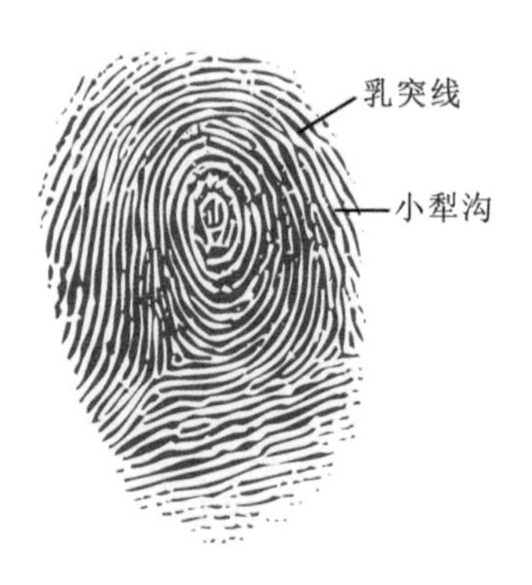

图 11-1　指纹的乳突线和小犁沟位置

新鲜指纹的成分一般被分为三类：表皮组织代谢产物、真皮组织代谢产物及外界污染物。表皮组织由表皮细胞组成，是皮肤的最外层，从最内部的基底层到表面可分为五层，即基底层、棘层、颗粒层、透明层和角质层（图 11-2）。其中，角质细胞负担最重要的防护作用，可防止外界物质进入皮肤后引起感染。而真皮组织代谢产物主要是小汗腺和皮脂腺的分泌物。小汗腺代谢物中 99%的成分是水，并包含大量的多肽、氨基酸、乳酸、苯酚、维生素、尿素等。皮脂腺分泌物的成分主要包括三十六碳烯（角鲨烯）、蜡酯、甘油三酸酯及大量的游离脂肪酸等。其中，游离脂肪酸是皮脂腺分泌最多的化合物。对于新鲜指纹中的外界污染物，主要包括食物、护肤品残渣、灰尘及细菌孢子等。而陈旧指纹中，水含量会大大降低，灰尘的含量占比会越来越大。

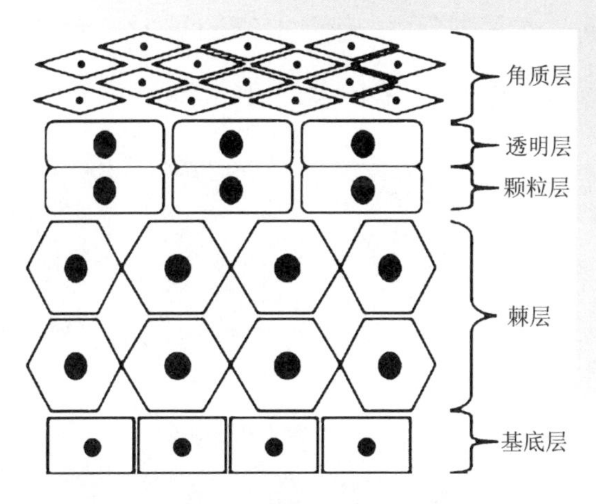

图 11-2　指纹的表皮组织

指纹纹路有三种基本形状——斗形（whorl）、弓形（arch）和箕形（loop）（图 11-3）。经学者统计研究发现，指纹的基本纹路具有典型的人种差异。例如，中国人和日本人的指纹样本中，斗形纹和箕形纹都占整体的 90%以上；欧洲人则多是箕形纹；美国人的指纹样本中，弓形纹的出现率较高。这种差异可能与先天基因和后天长期生活的环境有关系。

除了基本形状的区分之外，指纹还具有更多的细节，如纹路的末梢、分叉、桥形、环形等，大概有 150 多种不同的细节，这些都属于指纹的二级特征。2015 年，美国北卡罗来纳州立大学的指纹学家在《美国体质人类学杂志》（*American Journal of Physical Anthropology*）上发表文章，认为通过查看指纹的二级特征就能区分一个人是白种人还是黑种人。这也是基于大数据和统计学得到的推论。而指纹的三级特征指的是指纹乳突线上汗孔的分布特性，当局部的二级特征无法确定指纹归属时，就需要借助汗孔个数和位置分布特性来区分（图 11-3）。

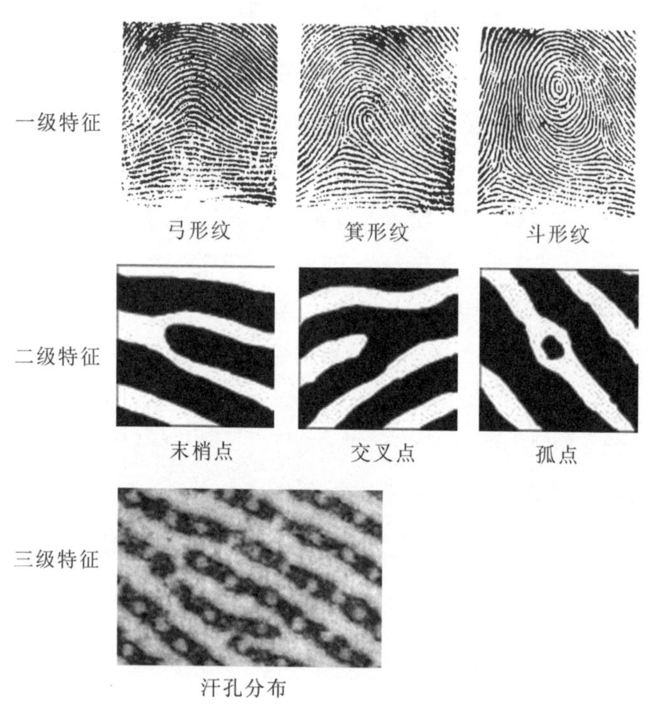

图 11-3　指纹的基本形状和分级特征

根据留在载体上的状态，指纹可分成三类：第一类是明显纹（patent fingerprint），指的是不经任何处理就肉眼可见的指纹，如手直接按压在玻璃等光滑表面留下的痕迹，或者沾了油墨后直接按压留下的指纹。第二类是成形纹（plastic fingerprint），指的是手指直接按压在较柔软的物质表面留下的痕迹，如橡皮泥、蜡烛等材料表面。这类材质非常软，手指直接接触后，会留下立体、凹凸不平的指纹纹路。第三类指纹也是最常见的指纹，即潜伏指纹（latent fingerprint），指的是手指表面带有的一些物质（如汗孔自然分泌的汗液或其他部位的油脂）经手指摩擦或按压，转移至载体表面，直接肉眼观察不易发现指纹纹路，但是经过特殊处理，即可显现出这些潜在的指纹。现代指纹显现技术基本上都是基于对潜指纹的显现发展起来的。

二、传统指纹显现方法

在针对潜指纹的显现时，首选是无损显现。光学检验作为一种无损检验技术，成为显现各类客体表面潜在手印的首选方法，即通过外加光源进行显现，不接触指纹，对指纹样本无破坏。早期的光学显现法使用自然光和普通照明光源，利用光吸收模式及漫反射原理加强手印与背景的反差。后来发展比较成熟的外加光源还有激光光源、紫外光源及氙弧灯等。白光光源常用来对指纹样本从不同角度进行照射，在某个合适的角度可以看到指纹痕迹，然后拍照记录下来；激光光源和紫外光源则是由于手指上的某些分泌物带有发色团，经合适的能量激发，能发出特有的荧光信号，从而显现出荧光指纹可被拍照记录。20 世纪 90 年代以后，多波段光源开始广为使用。近几年来，便携式激光器及 LED 光源开始普及，多光谱成像技术也开始应用到潜在手印的显现与增强。

但是很多时候，由于载体表面情况复杂，很难仅通过外加光源的方法得到明显的指纹图像，这时候就需要结合物理和化学的方法对指纹进行显现了。常见的传统显现方法有粉末法、502 胶法、碘熏法和茚三酮法等。

（一）粉末法

粉末法是最简单且最常见的显影方法，其使用可以追溯到 19 世纪早期。常规的粉末法指的是使用玻璃纤维刷或较柔软的毛刷沾上少许粉末后，在载体上轻轻刷显的过程。这个操作要求刷显的力度不能太大，刷显的方向要保持一致，尽量降低对指纹的破坏。粉末法适用的载体主要是光滑、无渗透性的载体；在某些特殊载体上，也可以将少量粉末直接平铺在指纹区域，借助气流或倾斜载体后轻轻敲打，使粉末不断移动并显现指纹。

目前已经有许多不同种类的商业化指纹粉末，包括金属粉末（如金粉、银粉、铁粉、铝粉等）、磁性粉末（图 11-4）、

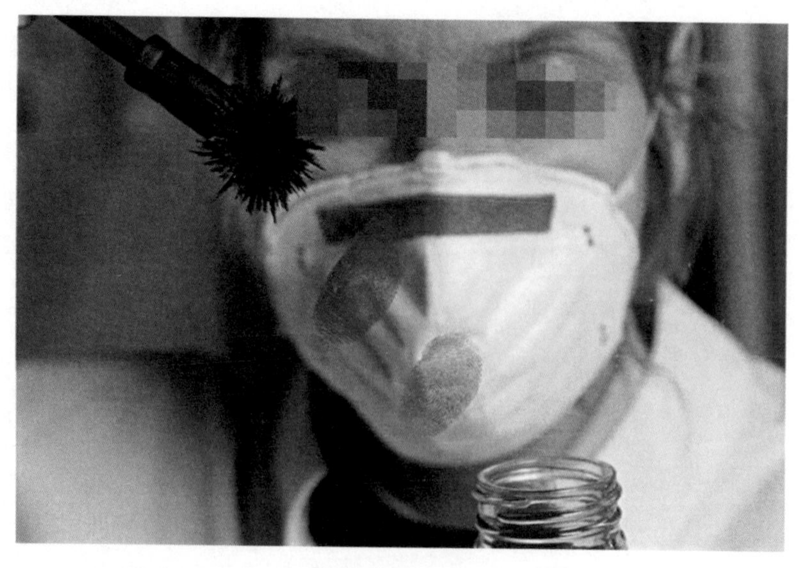

图 11-4 用磁性粉末刷提取指纹样本

荧光粉末等，每种粉末都具有其优势和适用场景。当针对某个具体指纹样本选择合适的粉末进行刷显时，首先考虑粉末与载体背景不发生化学反应，物理作用力也需要尽可能避免；其次要考虑粉末的颜色和载体背景的差异，色差越大越好，这样更有利于拍照记录刷显后的指纹样本。刷显后的指纹经常使用拍照或者胶带提取的方法进行保存。

粉末法显现指纹的作用原理是粉末通过物理机械或静电作用与乳突纹线上的指纹残留物发生吸附，而没有指纹残留物的小犁沟及指纹承载体则不会吸附上粉末。最终的结果就是粉末黏附到乳突纹线上，与未黏附粉末的小犁沟和承载体形成反差，从而显出潜指纹。

（二）502 胶法

502 胶是国内对 α-氰基丙烯酸酯胶水的统称，一般指的是 α-氰基丙烯酸乙酯（Ethyl-Cyanoacrylate，ECA），是日常生活中常用的胶黏剂之一。502 胶能用来对指纹进行显现的原因是：ECA 常温下易挥发，其中含有很强的吸电子官能团（氰基和酯基），这使得双键上的电子云密度大幅降低，有利于阴离子进攻双键，从而极易在碱性物质或水的催化下发生阴离子聚合（图 11-5）。当挥发于空气中的 502 胶接触到指纹时，指纹上含有的汗液引发 502 胶在指纹纹线处发生聚合，直接原位生成浅白色聚合物，从而显现出指纹纹路。

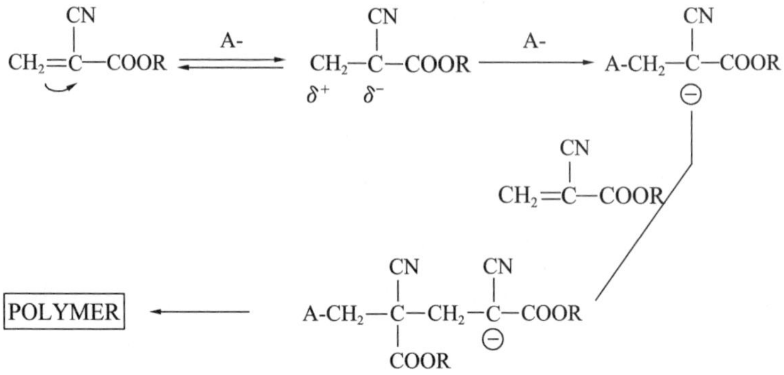

$$CH_2{=}C(CN){-}COOR \overset{A^-}{\rightleftharpoons} \overset{\delta^+}{CH_2}{-}\overset{\delta^-}{C}(CN){-}COOR \xrightarrow{A^-} A{-}CH_2{-}C^{\ominus}(CN){-}COOR$$

$$A{-}CH_2{-}C^{\ominus}(CN){-}COOR + CH_2{=}C(CN){-}COOR \rightarrow A{-}CH_2{-}C(CN)(COOR){-}CH_2{-}C^{\ominus}(CN){-}COOR \rightarrow \boxed{\text{POLYMER}}$$

图 11-5　502 胶显现指纹时发生的化学反应过程

502 胶显现指纹一般需要借助熏显法或者贴显法来实现。熏显法的操作是将带有指纹的载体置于密闭容器内，在容器底部滴加少量 502 胶，然后将容器密封，等待指纹显现。贴显法的操作是将 502 胶滴到滤纸上，将滤纸直接贴在指纹区域，较短的时间内就可以看到明显的指纹纹路。熏显法和贴显法的比较如表 11-1 所示。

表 11-1　502 胶熏显法和贴显法的比较

利用 502 胶显现指纹	熏显法	贴显法
显现时间	长，需要数小时甚至数天	短，一般几秒或几分钟
显现效果	佳，清晰、完整	较熏显法差，可能只能显现指纹局部，且极易贴显过度
改善办法	加热，缩短熏显时间	用胶带减薄贴显的指纹

502 胶法在显现很多载体上的指纹时都具有明显的优

势，如垃圾袋、铝箔、塑料等光滑的表面。但是由于 502 胶聚合后得到的产物呈浅白色，所以这种方法比较适合使用在深色背景的载体；针对浅色载体上的指纹，即使经过显现，但由于没有明显的色差，显现的指纹经常需要进行后处理。常见的后处理方法是对熏显后的指纹进行染色，包括染料染色、量子点染色等。

染料因具有不同的颜色而适用于对指纹进行染色。比如浅白色的载体上熏显的指纹可用红色、绿色甚至黑色的染料进行染色，从而增加与背景的色差。常见的染料有罗丹明、尼罗红等。与染料染色相比，量子点染色适用的范围更广泛。

量子点（Quantum Dots，QDs）是一种纳米尺度的颗粒，一般呈球形，其直径常在 2～20 nm。量子点一般指的是无机金属量子点，常见的包括硫化镉量子点、硒化镉量子点、碲化镉量子点、硒化锌量子点、硫化铅量子点等。量子点溶液常具有较鲜艳且明亮的颜色，可以直接用来对指纹样本染色。除此之外，量子点还具有独特的荧光效应，可以在紫外灯的激发下，发出颜色各异、明亮的荧光。当背景没有荧光干扰时，可以有效规避普通白光下载体背景上的杂色干扰，得到更清晰的指纹样本。如图 11-6 所示，图 11-6（a）和图 11-6（b）是不同波长紫外光下胶带上的指纹显影，图 11-6（c）和图 11-6（d）是不同波长紫外灯下铝箔上的指纹显影。

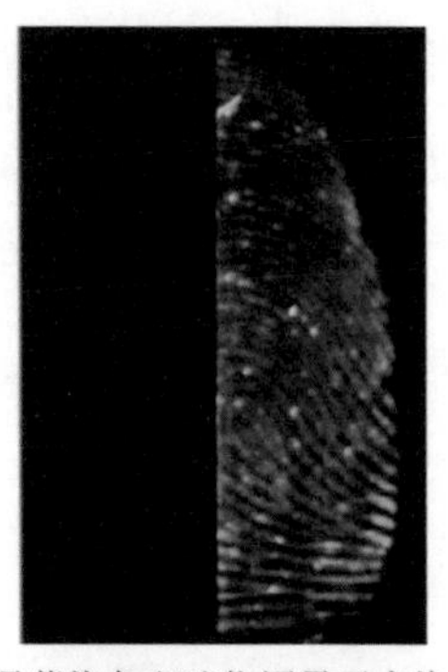

(a) 结晶紫染色和碲化镉量子点染色(1)

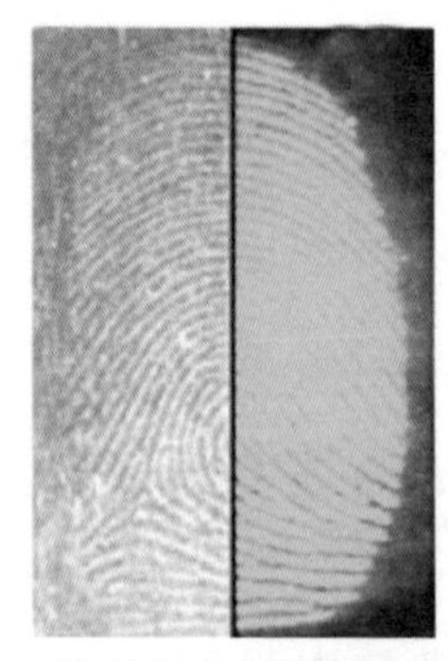

(b) 结晶紫染色和碲化镉量子点染色(2)

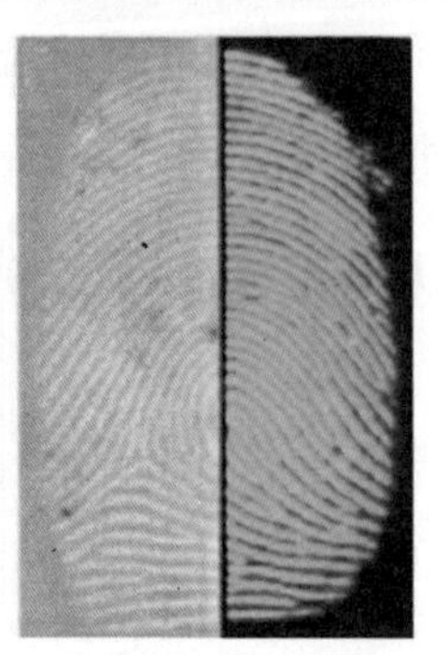

(c) 罗丹明6G染色和碲化镉量子点染色(1)

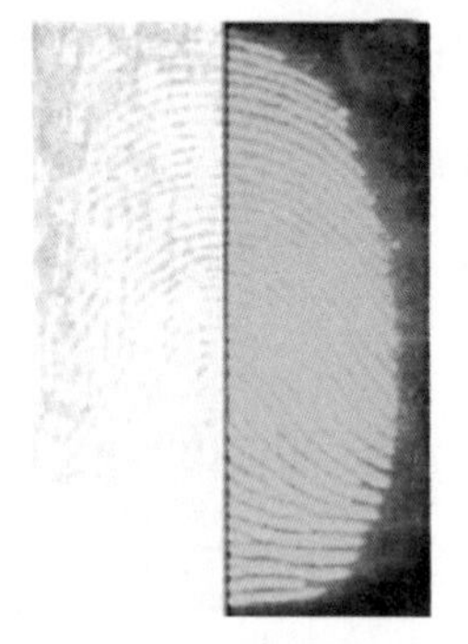

(d) 罗丹明6G染色和碲化镉量子点染色(2)

图 11-6　502 胶熏显后经量子点染色的指纹

课外拓展

对经 502 胶熏显后的指纹进行染色，常需要借助棉球沾上染料溶液对指纹进行涂抹染色。若涂抹力度过大，或者溶液溶剂选取不合适（能溶解 502 胶聚合物），显现后的指纹样本很容易被破坏。那有没有好的方法可以解决这个问题呢？

有科研工作者发现，将易升华的染料和 502 胶一起进行熏显时，熏显和染色可以同步进行，在保证高质量显现效果的同时还避免了二次染色时对指纹纹路可能造成的破坏；同时操作简单易行，还加快了显现效率。这种方法被称为“一步熏显法”，同步反应效果较好的染料包括 CN Yellow Crystals、PolyCyano UV、Lumikit™等。

近年来，日本科学家经过实验对 502 分子进行设计，将荧光物质与 502 胶单体合二为一，合成出荧光 502 单体，也达到了熏显和染色一步完成的效果（图 11-7）。但这种“荧光 502”的合成步骤比较复杂，且技术垄断、成本高，同时反应过程和产物的毒理学安全性都还没有得到权威机构的认证，因此，在实际使用过程中，还是以先熏显后染色的实验操作为主。

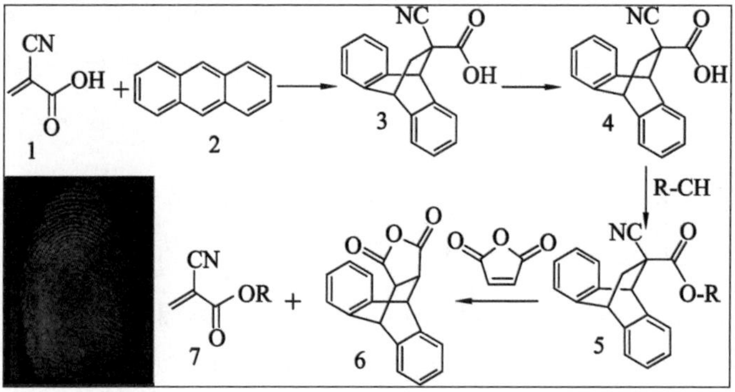

图 11-7　荧光 502 的制备过程和显现效果图

（三）碘熏法

碘是元素周期表中的第 53 号元素，也是人体必需的微量元素之一。单质碘常温下是紫黑色晶体，有金属光泽，易升华，升华后易凝华。碘能用来显现指纹的原理是：晶体碘是非极性的双原子分子，当其受热升华时，紫色的碘蒸气接触指纹，根据相似相溶的化学原理，碘蒸气就会溶解于指纹；或接触汗液后，与其发生吸附作用，在指纹处重新凝华，从而使指纹显现出来。碘熏法显现后的指纹呈黄棕色。

碘熏法的操作和502胶熏显法差不多，将含有指纹的载体放入容器内，在底部放入碘单质，使碘自然升华从而显现出指纹样本。针对不易移动的载体，还可以使用专门的碘熏器进行喷涂。但由于碘的挥发性强，显现后的指纹很容易再次升华消失，所以对于经碘熏法显现的指纹需要及时拍照记录。

（四）茚三酮法

茚三酮是一种有机化合物，能与氨基酸、多肽及蛋白质发生显色反应，因此常被用来检测氨基酸和蛋白质。1954年，瑞典科学家首次提出将茚三酮用于潜指纹显现，这是因为手指分泌的汗液中含有少量的氨基酸，与茚三酮发生反应后显现出蓝紫色指纹。茚三酮用来显现指纹的操作步骤如下：将带有指纹的载体直接浸泡在茚三酮溶液中，或者也可以用点蘸、喷雾的方法将茚三酮溶液涂在指纹区域，一段时间后取出，通过加热加速茚三酮与氨基酸的反应，便能很快得到粉紫色的指印纹路。实验也表明，茚三酮法非常适合用来显现纸张上的指纹样本（图11-8）。

由于茚三酮是有机化合物，很难溶于水，因此配置茚三酮溶液时，常需要使用有机溶剂。经过不断改变溶剂种类和浓度的尝试，实验证明，茚三酮显现效果最佳时的配方是以氟利昂113为溶剂，浓度范围在0.6%～1.0%。但是由于氟利昂对大气臭氧层的破坏较大，目前国内已经开始限制其使用。也因此有研究人员开始使用其衍生物如茚二酮、苯并茚三酮等或者其他常用试剂（如1，8-二氮-9-芴酮，简称DFO）进行替代。

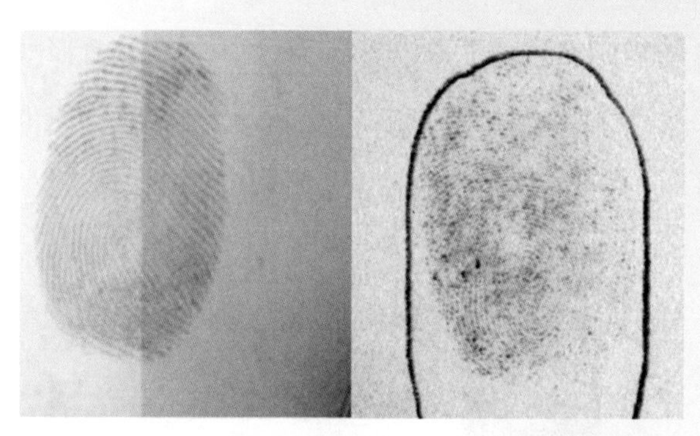

图 11-8　茚三酮显现纸张上的潜指纹

三、纳米材料在指纹显现领域的作用

除了上述 4 种方法外，比较常见的显现指纹的方法还包括硝酸银法、荧光试剂法等。近年来，纳米材料由于其独特的理化特性，在很多领域都开始“大展身手”，指纹领域也一样。前文说的无机金属量子点就是一种常见的纳米粒子。除了金属量子点，还有其他纳米粒子也在指纹领域发挥着越来越重要的作用。

（一）碳量子点

2006 年，有科学家提出“碳点”（Carbon Dots，CDs）的概念，也称“碳量子点”。碳点由分散的类球状碳颗粒组成，尺寸极小（在 10 nm 以下），是具有荧光性质的新型碳材料。碳点具有优秀的光学性质、良好的水溶性、低毒性、原料来源广、生物相容性好等优点，在生物显影、光催化、光电子、传感等领域都有巨大的潜在应用。

目前碳点应用在指纹领域的方法包括：将碳点溶液负载到微球上，使用粉末法对指纹进行显现；对经 502 胶显现后的指纹进行碳点染色；对碳点进行表面修饰，与指纹成分发生特异性结合，通过浸渍法等对指纹进行显现。碳点材料在不同客体上的显影效果见图 11-9。

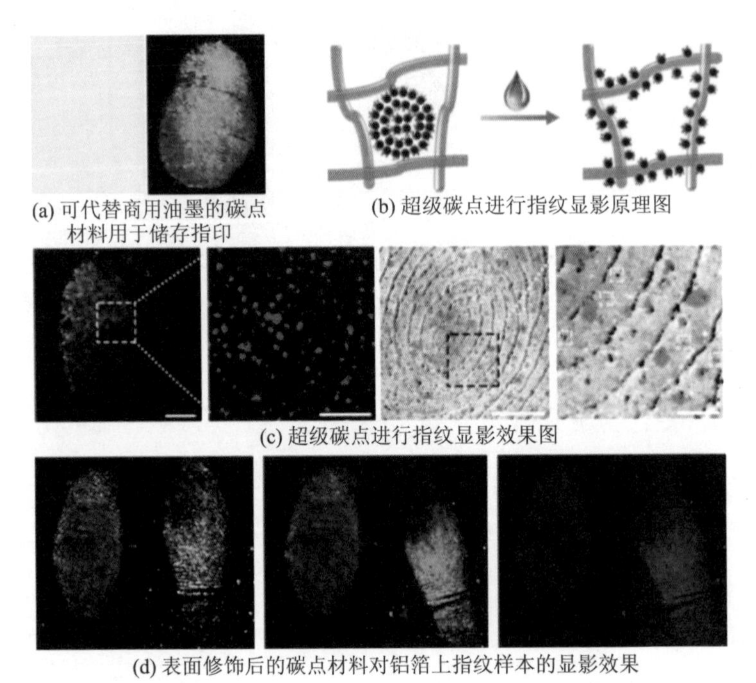
(a) 可代替商用油墨的碳点材料用于储存指印

(b) 超级碳点进行指纹显影原理图

(c) 超级碳点进行指纹显影效果图

(d) 表面修饰后的碳点材料对铝箔上指纹样本的显影效果

图 11-9 碳点材料用于指纹显影的具体效果

碳点的发光效率高，荧光寿命长，且具有“激发波长依赖性”，即同一种碳点材料，用不同波长的光源进行激发时，可得到不同的荧光发射颜色，这对于复杂客体上的指纹显影具有极其重要的优势。另外，碳点的制备原料丰富，制备方法简单，也是应用中的一大优势。

（二）荧光共轭高分子纳米材料

荧光共轭高分子是一类具有优异荧光性能的聚合物，相比于有机小分子染料，荧光共轭高分子具有带宽可调、摩尔吸光系数高、荧光量子产率高、抗光漂白性强等优点。相比于碳点材料，荧光共轭高分子的结构更易通过分子设计进行改性，调节选择吸附性；且其材料形式多变，易加工，更容易采取多种方式对指纹进行显现。近年来，荧光共轭高分子在指纹显现方面也开始发挥越来越多的作用。

有文献报道，利用静电纺丝技术，制备了聚（1-苯基-2-三甲基硅烷基苯乙炔）（PTMSDPA）薄膜，并发现当指印接触到薄膜后，紫外光下能观察到荧光指纹。除此之外，还制备了聚苯二乙炔（SPDPA）聚电解质溶液进行不同客体上潜指纹的显影（图 11-10）。

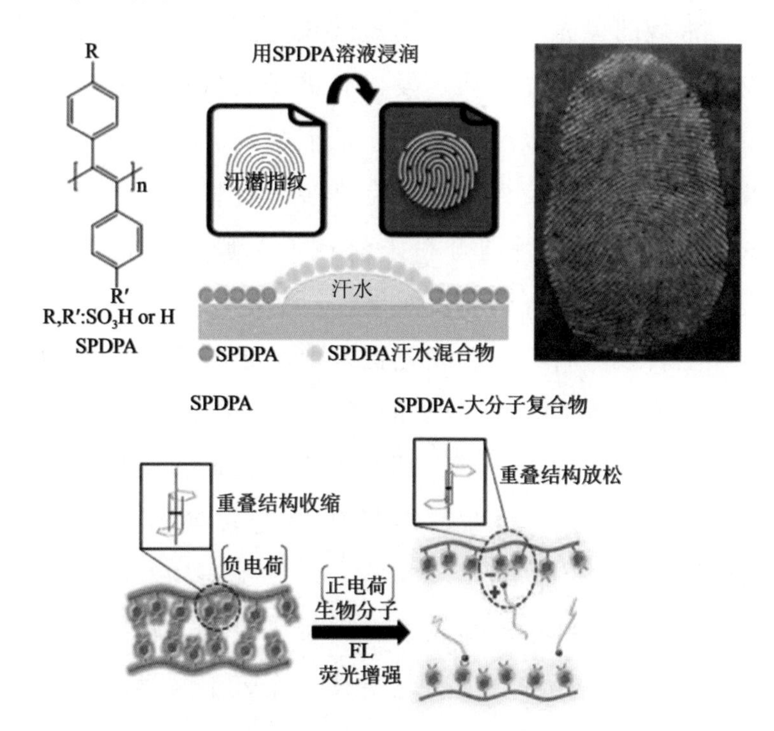

图 11-10 SPDPA 聚电解质溶液进行指纹显影过程中涉及的分子结构和显影示意图（上）及显影机理解释示意图（下）

（三）上转换纳米粒子

很多时候，在针对复杂背景指纹获取中的光学显现问题时，即使选用荧光显影剂进行显现，由于客体背景可能也存在荧光物质，在紫外光源激发下，仍然存在背景干扰。这种情况下，首先想到的解决方法是更换所选用的荧光显影剂；但是由于目前生活中常见的荧光物质大部分偏蓝绿光，常规紫外光源都能激发，同时还可能存在能量转移现象，背景干扰并不能完全避免，这也给显影工作和指纹细节识别带来了困难。在这种情况下，上转换材料应运而生。

常规的荧光材料都是用短波长、高能量的紫外光或激光光源去激发荧光物质，发出长波长、低能量的荧光；而上转换材料，可以经长波长、低能量的光源激发，发出短波长、高能量的荧光。现在有许多学者将上转换材料制备成纳米粒子，然后结合粉末法或 502 胶法对指纹进行显现，都获得了较好的显现效果。

上转换材料特殊的发光机理取决于其来源材料的特殊性，目前发现的上转换材料主要集中在稀土元素（以镧系、锕系元素为主）上。其发光机制目前无明确解释，有学者提出激发态吸收、能量传递上转换、光子雪崩等假设。

除了传统的纳米材料外，碳量子点、上转换纳米粒子等新型纳米材料都已经引起指纹工作者不断尝试用不同的显现方法的兴趣。相信在不久的将来，这些纳米材料能在一线工作中发挥重要的作用。

四、指纹识别的过程

指纹显现后，如何通过指纹确定归属人身份，需要经过指纹识别技术。早期的指纹识别需要借助人眼区分，靠人工去比对两枚或者几枚指纹的相同点、不同点，判断是否是同一枚指纹。这种方法太耗费人力，且当指纹样本较多时，需要耗费数天时间才能完成识别过程，这也是早期限制指纹技术发展的一大重要原因。近年来，基于计算机算法的发展，指纹识别开始借助于计算机，建立了自动指纹识别系统（Automatic Fingerprint Identification System，AFIS），大大缩减了人力付出，也缩短了指纹匹配的时间。

AFIS 系统的工作过程包括读取指纹图像、提取特征、保存数据和比对。首先，通过指纹读取设备读取到显现后指纹的图像，得到指纹图像之后，要对原始图像进行初步的处理（切割、增强、细化等），使之更清晰。其次，指纹辨识软件建立指纹的数字标识——特征数据，即将指纹中的细节特征点一一提取并建立模型，把指纹转换成模型图像对应的数字信号，然后对数字信号进行匹配。有的算法把节点和方向信息组合产生了更多的数据，这些方向信息表明了各个节点之间的关系，也有的算法还处理整幅指纹图像。最后，通过计算机模糊比较的方法，把两个指纹的模板进行比较，计算出它们的相似程度，最终得到两个指纹的匹配结果（图 11-11）。

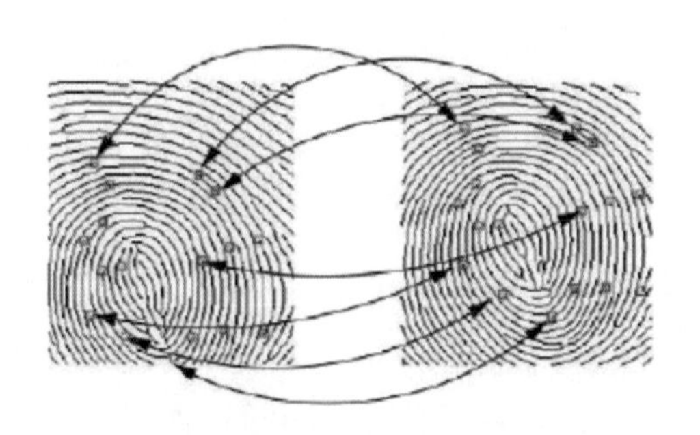

图 11-11　指纹图像进行建模匹配过程

借助自动指纹识别系统（Automatic Fingerprint Identification System，AFIS）对指纹识别进行全自动管理，具有存储量大、比对速度快、效率高、质量好、便于网络应用等诸多优越性，也使指纹管理工作发生了质的飞跃。在指纹识别技术上，美国、日本等国家早在 20 世纪 70 年代末就开始了自动指纹识别系统的研究，自动指纹识别系统已经普及，整体应用水平和破案效益都很高。我国的自动指纹识别系统应用尚属于发展阶段，同世界先进国家相比，还有一定的差距。

五、指纹识别的发展历史和重大意义

早在中国古代，就有“签字画押”一说来确定身份，其中，“画押”就是指在纸张或者其他载体上留下指纹的过程，通过留下来的指纹确定签字的人到底是谁。德国指纹学家罗伯特·海因德尔（Robert Heindel）也在其著作《指纹鉴定法的体系与实践》中提到：中国唐代的贾公彦是世界上第一个提出用指纹来进行对人的识别和鉴定的学者。而近代以来，首先提出将指纹用于身份鉴定是英国医生亨利·福尔兹（Herry Faulds）于19世纪末，在《*nature*》杂志上发表研究，“当沾有血污的指印在泥土、杯子等东西上留下痕迹时，可以通过科学方法来证明罪犯的身份”，科学阐述了指纹识别在犯罪侦查等领域的应用，开创了现代指纹研究的先河。

而指纹能用来作为对生物体身份的直观证据之一，首先要求它具有高度的唯一性，指纹完全符合这一特性。另外，据现代医学研究发现，指纹的形成始于胚胎时期，胎儿还在母体内发育至三四个月时就开始有指纹出现。随着胎儿的不断发育，指节不断生长，表层皮肤也在羊水和内部组织（真皮层和基质层）的挤压下不断发生变形。指纹基本上要到青少年时期才会发展成熟且定型，不会再发生变化。定型后的指纹即使经过轻微烫伤或者划伤，纹路也能恢复至原来形貌。同时，由于人手指的灵活及频繁使用，导致手指极易接触到外界物体，留下痕迹。这些特性都为指纹识别、鉴定提供了理论依据。

指纹作为个人信息储存、个体识别和鉴定的直观证据之一，已经在日常生活和刑侦、反恐、国保、缉毒、治安等领域发挥越来越重要的作用。例如，指纹门禁系统以手指取代传统的钥匙，使用时只需将手指平放在指纹采集仪的采集窗口上，即可完成开锁任务，操作十分简便，避免了其他门禁系统（传统机械锁、密码锁、识别卡等）有可能被伪造、盗用、遗忘、破译等弊端。

随着信息化时代的到来，信息安全问题必须引起足够的重视。指纹识别的应用仍存在一些问题，比如亲属之间指纹存在一定的相似性，算法的精度不高时可能导致识别错误；在接触东西时遗留的指纹信息容易被他人引用，安全性不高，这些都要求在模式识别过程中提升算法的精度，并且需要结合除指纹外其他方面信息的综合识别。日本国立信息学研究所教授提醒网友，拍照时摆 V 字手势，很有可能被盗取指纹。除了指纹外，面部及虹膜识别也被应用于手机认证等。一些行政机关及企业也在利用这些信息进行出勤管理。将包括人脸识别、虹膜识别等多种识别技术的活体检测与指纹识别相结合，可以避免遗留的指纹被他人窃取而造成不良后果，在一定程度上提高识别结果的准确性；将指纹识别与信息登记一体化，建立庞大的数据库，经过指纹就可以查询登记信息，包括学生信息、公民信息、获奖信息等，这样的一体化信息极大地方便了人们的生产、生活。

演示实验

指纹显现趣味小实验

实验目的

使用不同方法显现指纹。

实验原理

光源显现：当在载体表面留下指纹时，指纹成分会在表面形成凹凸不平的纹路。当用光源从不同角度照射时，纹路会使光线发生反射和散射，从而被观察到。

502 胶法：指纹中的成分会与 502 胶中的成分发生化学反应，在载体表面形成新的固态物质，呈灰白色而被观察到。

1. 用不同光源对指纹进行显现

实验材料

塑料瓶、载玻片、手电筒、手持式紫外灯。

实验步骤

首先，把手指清洗干净后擦干，直接在不同载体上按压得到汗液指纹。其次，通过用不同光源进行不同角度的照射，记录得到的指纹。再次，将洗干净的手指在面部或额头区域擦几下后按压，得到油脂指纹，用同样的方法对指纹样本进行记录。最后，比较汗液指纹和油脂指纹在不同光源下的区别。

2. 用502胶显现指纹

实验材料

502胶、塑料带盖培养皿、载玻片、滤纸。

实验步骤

（1）熏显法。首先，在培养皿内盖上按压，留下清晰的指纹纹路；其次，在培养皿底部滴几滴502胶，盖上盖子，静置几分钟，等待指纹显现。

（2）贴显法。首先，在载玻片上按压，留下清晰的指纹纹路；其次，在滤纸上滴几滴502胶，将带有胶水的滤纸贴在指纹纹路处，直至指纹显现。

思考题

Lightroom

（1）请比较粉末法、502胶法、碘熏法和茚三酮法显现指纹的优缺点。

（2）课后实验中，汗液指纹和油脂指纹在不同光源下有什么区别？

（3）若502胶熏显过度，可以采取哪些处理方法？若显现速度较慢，可以采取哪些方法加速显现？

（4）请大胆设想，有哪些纳米材料可以在指纹显现领域发挥作用。

第十二章 基因的游泳比赛

一、DNA 的半保留复制

自从 1953 年，詹姆斯·沃森（James Watson）和弗朗西斯·克里克（Francis Crick）提出了 DNA 双螺旋结构的分子模型（图 12-1）后，针对遗传密码的研究就进入了分子生物学时代，从分子层面上对“生命之谜”进行解惑。DNA 链一般横向长度为 2～3 nm，纵向长度也只有几百纳米。经过无数科研人员的研究发现 DNA 的复制遵

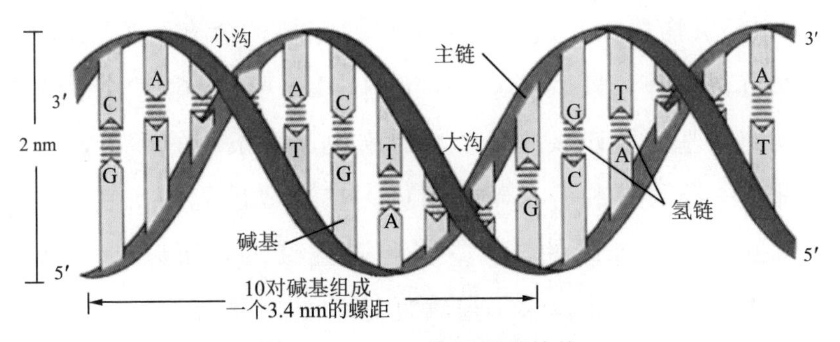

图 12-1　DNA 的双螺旋结构

循半保留复制原则，这个过程究竟是怎么完成的呢？

DNA 在体内复制的第一步，是把双链打开成为两条单链，这个过程主要由一种叫 Helicase 的解旋酶来完成。解旋酶会把双螺旋结构打开，解开后的双链就像英文字母 Y，称为复制叉；分开后的每一条链将作为新链合成的模板，首先，引发酶（Primase）会结合到单链上，它是一种 RNA 聚合酶，可以把 RNA 碱基连接到模板链上，形成一小段引物（Primer），引物的位置就是复制的起始位置。其次，DNA 聚合酶（DNA Polymerase）会结合到引物上面，把 4 种不同的碱基按照从 5′到 3′末端的方向，逐个添加到模板链上。前导链（Leading Strand）的复制是一个连续的过程，而后随链是由间断合成的短片段连接而成的，是一个不连续的过程。DNA 聚合酶每次只能合成一小段，称为冈崎片段（Okazaki Fragments），每一份冈崎片段的形成也是必须先在 5′端形成一段 RNA 引物，然后聚合酶再从 5′到 3′末端方向把碱基添加上去。下一个冈崎片段，则在更远端形成，直到整个后随链完成复制。当复制完成后，核酸外切酶（Exonuclease）会把两条链上的所有 RNA 引物移除，这些遗留下来的空缺，会交给 DNA 聚合酶负责填补，最后 DNA 连接酶（DNA Ligase）会把新链上的碱基片段连接起来。总的来说，每条新的 DNA 双链，都由一条母链和一条新链组成，在合成过程中，其中一条链的复制是连续的，另一条是不连续的，所以，DNA 复制也被称为半保留半不连续复制（图 12-2）。

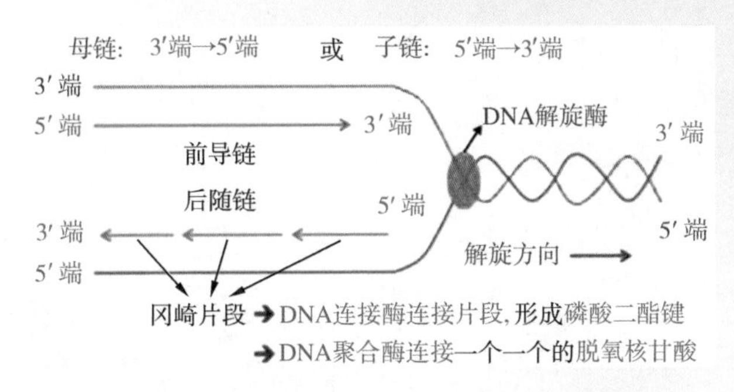

图 12-2　DNA 在体内复制的过程示意图

二、PCR 技术的发展历史

聚合酶链式反应（PCR）是一种在体外用于放大扩增特定的 DNA 片段的分子生物学技术。PCR 的最大特点是能将微量的 DNA 大幅增加（可从一根毛发、一滴血甚至一个细胞中扩增出足量的 DNA 供分析研究和检测鉴定），在一个试管内将所要研究的目的基因或某一 DNA 片段于数小时内扩增至十万乃至百万倍，使肉眼能直接观察和判断。

1971 年，科兰纳［Khorana，图 12-3（a)］提出：经过 DNA 变性，与合适引物杂交，用 DNA 聚合酶延伸引物，并不断重复该过程，便可克隆 tRNA 基因。但由于测序和引物合成的困难，以及 70 年代基因工程技术的发明，使克隆基因成为可能，所以科兰纳的设想被人们遗忘了。1985 年，美国 PE-Cetus 公司的凯利·穆利斯［Kary Mullis，图 12-3（b)］等人发明了聚合酶链反应（PCR)，并于 1993 年获诺贝尔化学奖。凯利·穆利斯被尊称为“PCR 之父”。

(a) 科兰纳

(b) 凯利 • 穆利斯

图 12-3　PCR 发展史上的两位重要人物

从 DNA 在体内的复制过程可知，其过程可以分为三大步：① 双链解为两条单链，② 引发酶结合到单链上并形成引物，③ 碱基根据互补配对原则完成延伸。而对于体外的 DNA 复制，过程基本相同，区别只是这三步需要借助不同酶和温度的催化才能完成，对应着模板 DNA 的变性、模板 DNA 与引物的复性，以及引物的延伸。这些步骤都需要借助相关设备完成。经过数十年的发展，PCR 技术的发展也经过了几代设备的新旧交替。

（一）第一代 PCR 仪

最早的 PCR 仪是手动/机械手式水浴箱基因扩增设备，由三个不同恒定温度的水浴箱组成。将样品置于第一个水浴箱（一般为 90 ℃～95 ℃）内进行变性，然后手动转移至第二个水浴箱进行复性（温度范围为 55 ℃～60 ℃），最后置于延伸水浴箱（温度范围为 70 ℃～75 ℃）进行碱基对的延伸。为了获得更多的 DNA 双链，变性、复性和延伸过程通常会进行多次循环，这也导致实验操作变得比较烦琐。第一代 PCR 仪设备简单、成本低，因无须等待升降温过程而缩短了实验时间；但其缺点也很明显，需要手动转移样本至其他温度环境，这对实验人员的要求较高，尤其是循环操作时容易因重复性操作而导致疲劳、出差错；且标本在转移过程中会暴露在空气中，虽然时间较短，但反应体系的温度已经发生了变化，这对于扩增过程都是不利的因素。

（二）第二代 PCR 仪

第二代 PCR 仪又称为自动化控制型基因扩增仪。相比于第一代 PCR 仪，第二代设备内置温度传感器和升降温装置，通过计算机控制和设置反应程序，在内部自动完成温度变化过程，从而完成 DNA 的复制。这就实现了基因扩增的自动化，从而解决了第一代设备需要人工操作带来的劳动强度大、消耗人力多、容易出差错等问题。图 12-4 为苏州一家公司研发的基因扩增热循环仪，可在一个较小的设备体积内完成变性、复性和延伸。

图 12-4　基因扩增热循环仪

（三）第三代 PCR 仪

第三代 PCR 现在普遍指的是实时荧光定量 PCR（qPCR）仪。相比于第二代 PCR 仪，qPCR 仪内置了荧光激发装置和接收装置，通过实时检测荧光信号的强弱，可以计算出 DNA 复制的量，还可以通过标准样品的实验结果，建立标准曲线，对未知样品的浓度进行定量。

qPCR 仪对于新型冠状病毒（以下简称“新冠病毒”）的检测原理：先取被检测人员的咽拭子或鼻拭子中的细胞进行核酸提取，再加入反应体系内，然后加入人工合成的新冠病毒引物（新冠病毒遗传密码的一小段）和其他扩增需要的试剂，如酶和缓冲液等，设置反应程序。其中，引物上接入了荧光小分子作为探针，若样本呈阳性，引物能顺利连接到模板 DNA 上，从而引发反应，完成扩增，设备就能检测到较强的荧光信号；反之，阴性样本无扩增过程，设备不能检测到荧光信号。

qPCR 中有一个概念——C_t 值非常重要（图 12-5）。C_t 值的含义：每个反应管内的荧光信号达到设定的阈值时所经历的循环数。出现 C_t 值的前提是检测到荧光信号已经达到或者远超初始设定的阈值，此时检测到的是阳性的信号而不是基线。一般这个阈值的设置是以 PCR 反应的前 15 个循环的荧光信号作为荧光本底信号，只有远超过这个信号的数值才有意义。研究表明，每个模板的 C_t 值与该模板的起始拷贝数的对数存在线性关系，起始拷贝数越多，C_t 值越小，代表阳性样品浓度越高。

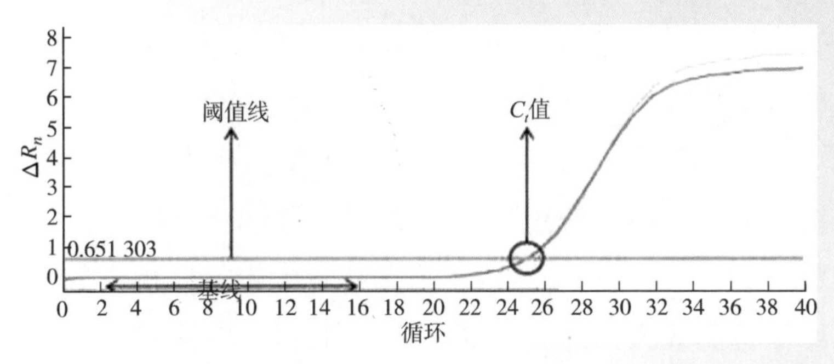

图 12-5　qPCR 的结果图

（四）第四代 PCR 仪

随着技术的发展，现在已经出现了第四代 PCR 仪，即数字 PCR（dPCR）仪。相比于 qPCR 仪，数字 PCR 仪可以直接数出 DNA 分子的个数，可对起始样品进行绝对定量检测（图 12-6）。数字 PCR 仪的原理在于将 DNA 样品分割为许多单独、平行的 PCR 反应，部分反应中包含了靶标分子（呈阳性），而其他则不包含靶标分子（呈阴性）。扩增完成后，阴性反应样品可以作为参考物去计算靶标分子的绝对计数，而无须标准品或内标。进一步解释，可以理解为：通过微流控或微滴化方法，将大量稀释后的核酸溶液分散至芯片的微反应器或微滴中，每个反应器的核酸模板数少于或等于 1 个。经过 PCR 循环之后，有至少一个核酸分子模板的反应器就会给出荧光信号，没有模板的

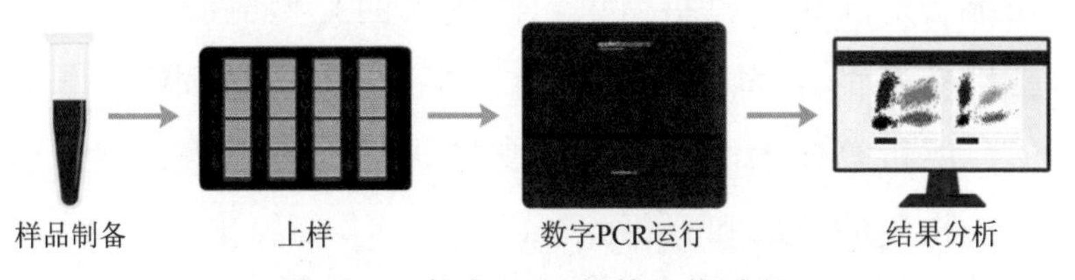

图 12-6　数字 PCR 仪的工作过程

反应器就没有荧光信号。根据相对比例和反应器的体积，就可以计算出原始溶液的核酸浓度。

dPCR 仪的优点：无须依赖标准品或内标物，可直接绝对定量；通过使用更多 PCR 复制物得到更高的精确度。数字 PCR 仪已经被应用于病毒载量的定量分析、低含量病原体检测等方面，大大提高了 PCR 技术的定量精度。

三、琼脂糖凝胶电泳实验

虽然 qPCR 仪和 dPCR 仪能在设备工作时直接实时观察反应信号，了解反应进度和结果，但是这两代仪器由于结构复杂、信号窗口较多而导致设备成本较高，在经济不发达地区还没有普及到各级医院或检测单位。目前市面上普及率最广的 PCR 仪还是第二代——自动化控制型基因扩增仪。第二代 PCR 仪扩增之后的结果需要其他实验的验证，这个实验就是琼脂糖凝胶电泳实验。

琼脂糖（Agarose）是从琼脂中分离出来的链状多糖，其结构单元是 D-半乳糖和 3，6-脱水-L-半乳糖（图 12-7）。琼脂糖在水中加热到 90 ℃以上能溶解，溶液温度下降到 35 ℃～40 ℃时，依靠分子间氢键及其他力的作用使其互相缠绕形成绳状琼脂糖束，构成大网孔型凝胶。琼脂糖凝胶呈良好的半固体状，无色、半透明，可以用来作为电泳、层析等技术中的半固体支持物，用于生物大分子或小分子物质的分离和分析。

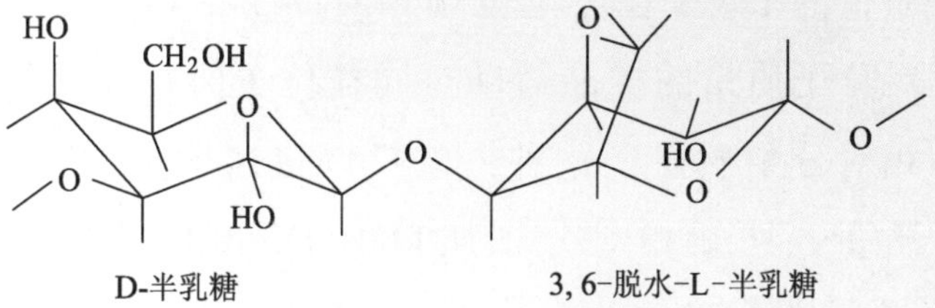

D-半乳糖　　　　3, 6-脱水-L-半乳糖

图 12-7　琼脂糖的结构式

琼脂糖凝胶能用来做电泳实验的原因是其本身不带电荷，而 DNA 分子由于其双螺旋骨架两侧带有含负电荷的磷酸根残基，当将 DNA 分子加入琼脂糖凝胶中并置于电场中时，DNA 分子向正极移动。相对分子质量越大，泳动速率越慢。因此，琼脂糖凝胶电泳实验常用来分离不同相对分子质量的 DNA，也可以分离相同相对分子质量、而构型不同的 DNA 分子（图 12-8）。不同构型的 DNA 分子进行电泳时的迁移速度大小为：超螺旋 DNA＞线性 DNA＞开环 DNA。在某些情况下，将已知相对分子质量的 DNA 样品进行电泳实验后，根据迁移位置，可以定位为该相对

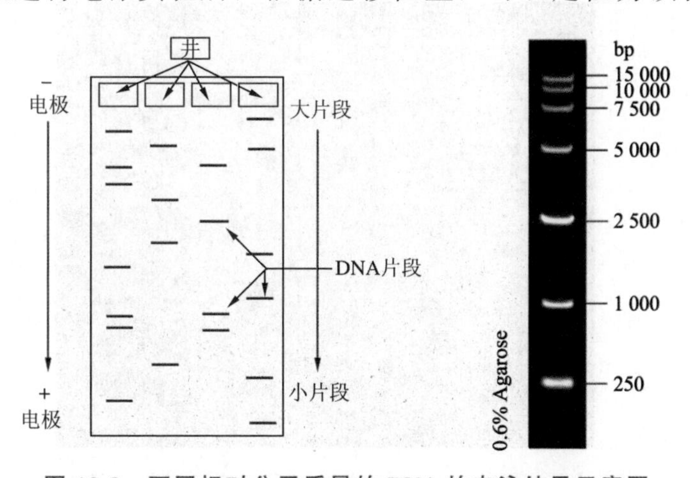

图 12-8　不同相对分子质量的 DNA 的电泳结果示意图

分子质量的 DNA 在一定电场和时间下的运动距离；当未知相对分子质量的样品运动至同样位置时，即可得知该样品的相对分子质量。这种方法可以快速确定 DNA 的相对分子质量，已知相对分子质量的 DNA 样品经常被称为 DNA 分子量标准物。

而琼脂糖凝胶电泳实验用来检测 PCR 样品，则常需要借助示踪染料来观察。常见的示踪染料是溴化乙锭（Ethidium Bromide，EB）。EB 是一种核酸染料，能和 DNA 分子紧密结合，且在 254 nm 的紫外光激发下，能发出明亮的红色荧光。这就表示针对 PCR 样品，阳性样品会有较亮的荧光，从而与阴性样品区分出来（图 12-9）。不过科研人员发现，EB 是一种很强的诱变剂，可能致癌或致畸。因此，现在很多实验会选择其他染料替换 EB，比如 Gold View 新型核酸染料。其用法和 EB 相同，区别在于紫外光下 Gold View 呈现绿色荧光。

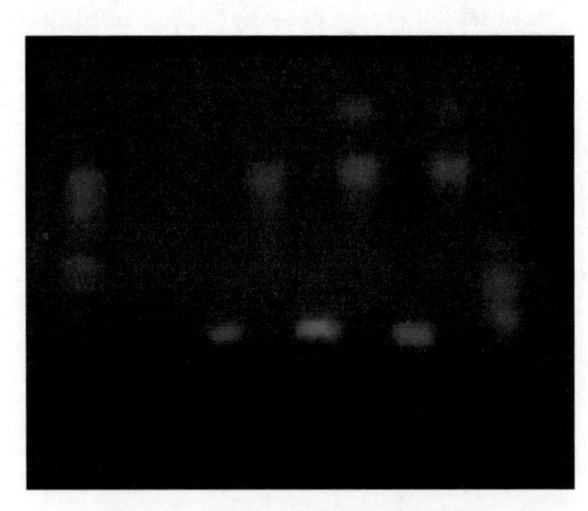

图 12-9　经 EB 处理后的电泳结果

琼脂糖凝胶电泳实验的成功与否受很多因素的影响。首先，需要正确地选择凝胶浓度，琼脂糖浓度通常为0.5%～2%。这是因为低浓度的琼脂糖制备成凝胶后，凝胶力学强度不够，导致其易碎；而高浓度的琼脂糖，则导致凝胶网孔较小，泳动速率低，不容易区分条带。通常低浓度的凝胶用来进行大片段核酸的电泳，而高浓度的凝胶用来进行小片段的分析。

同时，电泳液的选择也很重要。常规的电泳缓冲液有TAE［由三羟甲基氨基甲烷（Tris Base）、乙酸（Acetic Acid）和乙二胺四乙酸（EDTA）组成］和TBE［由三羟甲基氨基甲烷、硼酸（Boric Acid）和乙二胺四乙酸（EDTA）组成］。其中，TBE相比于TAE有更好的缓冲能力。需要注意的是，多次使用的电泳液中，离子强度会降低，pH值上升，缓冲性能也开始下降。因此，电泳时使用新制的缓冲液，可以明显提高电泳效果。

演示实验 琼脂糖凝胶实验

实验目的

学习琼脂糖凝胶电泳实验，并了解其区分 PCR 样品的作用机理。

实验原理

Gold View 是一种核酸染料，能和 DNA 分子紧密结合，且在紫外光激发下，能发出明亮的绿色荧光。当电泳样品为 PCR 阳性样品（即 DNA 双链）时，DNA 双链和 Gold View 相结合，紫外光下可观察到荧光现象；当电泳样品为 PCR 阴性样品（即 DNA 单链）时，Gold View 与样品不发生结合，电泳速率较快，凝胶上观察不到荧光。

实验材料和设备

TAE 溶液、琼脂糖、DNA 上样缓冲液（DNA loading buffer）、PCR 样品。

微波炉、电泳槽、电泳仪、紫外灯、移液器、制胶模具、玻璃瓶、移液器枪头。

实验步骤

(1) 配制电泳液至合适浓度。一般商业化的 TAE 溶液浓度较高，不适合直接用来进行电泳，需要用纯水稀释到合适浓度。

（2）配置1%的琼脂糖溶液，微波炉内加热溶解。

（3）待琼脂糖溶液降温至60 ℃左右，加入Gold View溶液，并充分混匀后倒入制胶模具。室温下冷却，使凝胶凝固。

（4）将凝固好的凝胶放入电泳槽，在槽内倒入适量电泳液（一般没过凝胶表面1～2 mm为宜）。

（5）在PCR样品中，加入2 μL的载样缓冲液（DNA上样缓冲液），混合后用移液器将样品加入凝胶孔内（载样缓冲液的目的：一是增加样品密度，使DNA沉入加样孔内；二是使样品有颜色，便于加样操作，染料还可以辅助指示泳动速率）。

（6）在电泳仪上设置好电泳参数，电压一般为130～150 V，电泳时间为30 min，然后开始电泳，结束后将凝胶取出，在紫外灯下观察样品的荧光信号。

实验注意事项

（1）用微波炉加热溶解琼脂糖时，注意高温，防止烫伤，取样品时须佩戴纱线手套。

（2）将琼脂糖溶液倒入模具后，在还未凝固前观察溶液中是否有气泡，若有气泡，则可用移液器去掉气泡。因气泡会影响电泳时DNA分子的运动路径。

（3）加样时，样品孔尽量靠近负极一端，且注意不要扎破凝胶。

（4）加样结束后，不要再移动凝胶位置。

思考题

（1）请简述 PCR 仪在体外复制 DNA 的过程。

（2）电泳时，细心的同学可以观察到电极两端有小气泡生成，请解释其原因。

第十三章 电镜技术应用探索——神奇的微观世界

大到浩瀚星辰，小到一粒尘埃（图 13-1），认识和了解世界万物的本质是人类自古以来的欲望和使命。中国古代诗人早早就注意到“明月当空照”的特殊景象，随着科学技术的发展，天文望远镜和载人航天器等帮助人类了解到月球和地球的关系，以及月球表面实际的样貌；而电子显微系统的发展，则使人类开始从微观层面了解材料本身的结构和特性，为更深入地认识宇宙万物提供了技术支持。

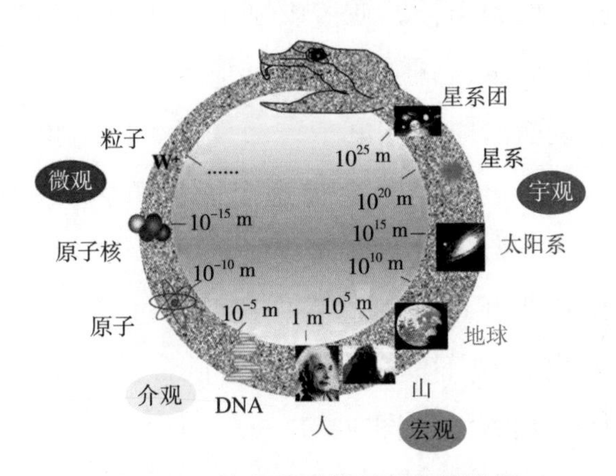

图 13-1　从宏观到微观尺度的发展

在 250 mm 的明视距离下，人眼分辨率大约为 0.2 mm，所以在观察更细微的结构时，需要借助工具。小时候，拿着放大镜观察世界，看蚂蚁搬家，看花叶脉络；光学显微镜的出现，让人们看清了尺寸大于 0.2 μm 的结构，如细胞中较大的细胞器（线粒体、叶绿体等）；电子显微镜的发展，则让人们首次看清了纳米尺度的样品形貌，比如 DNA 和量子点等。本章将从扫描电子显微镜技术的发展开始，介绍其在科研领域的应用。

一、扫描电子显微镜的工作原理

扫描电子显微镜，简称扫描电镜（Scanning Electron Microscope，SEM）是以电子束作为照明源，把聚焦很细的电子束以光栅状扫描方式照射到试样上，产生各种同试样性质有关的信息，然后加以收集和处理，从而获得微观形貌的一种显微镜。它属于一种表面显微镜，能够观察任何不规则的原始表面，所观察到的图像比其他类型的显微镜更富有立体感，且能在原位同时进行成分分析。

样品表面的原子受电子束激发后，因为接收到外来的能量源，本身电子信号会被这个能量源影响，发生散射，从而改变其原始的运动方向或能量，这个过程又分为弹性散射过程和非弹性散射过程。这两个过程是同时发生的，由此发射出各种不同的信号，包括背散射电子、二次电子、特征 X 射线等（图 13-2）。

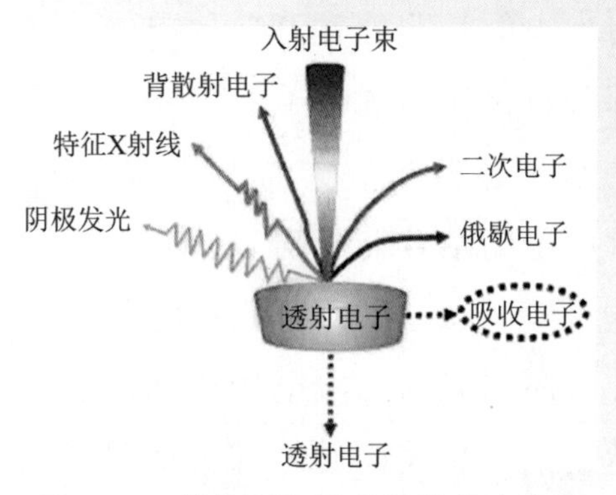

图 13-2　样品受电子束激发产生信号

（一）背散射电子

当电子束照射到样品表面时，其中约 70％的电子能量会消耗在样品表面，其他 30％的电子会从样品中背散射出来，这些电子被称为背散射电子（Back-scattered Electron，BSE）。它是被样品中的原子核反弹回来的一部分入射电子。在背散射电子中，一部分电子仅受到与样品原子核单次（或有限的几次）大角散射就离开样品表面，基本保持入射时的能量，这些电子被称为弹性背散射电子。还有部分电子与原子核外电子发生多次碰撞，能量损失越来越多，其方向也发生改变，这些电子被称为非弹性背散射电子。束电子一般要穿入样品的某个深度后才能经受充分的散射过程，使其穿行方向反转和引起背散射，因此从样品出射的背散射电子都带有样品某个深度范围内的性质信息，这个深度大概是样品表面几百个纳米。

（二）二次电子

在背散射电子中，入射电子和样品的核外电子发生碰撞后被散射出去的是非弹性背散射电子，而核外电子被电离逸出的部分被称作二次电子（Secondary Electron，SE）。需要注意的是，逸出的二次电子大部分是样品的价电子，这是因为价电子的结合能相对较小，其电离的概率要远远大于内层电子，一个高能的入射电子能产生多个二次电子。同时，样品深处的二次电子要逸出表面需要克服较多的能量，运动到样品表面时大部分能量都已经损失了，很难再逸出，因此出射的二次电子基本上都处于样品表层5～10 nm，这也是为什么相比于背散射电子，二次电子更能够反映样品表面形貌特征的原因。

有意思的是，学者们发现，背散射电子的产额随原子序数的增大而增多，所以背散射电子信号不仅能用于形貌分析，还可以显示原子序数衬度，定性地做成分分析。二次电子的产额和原子序数之间没有明显的依赖关系，所以不能用它来进行成分分析（图 13-3）。

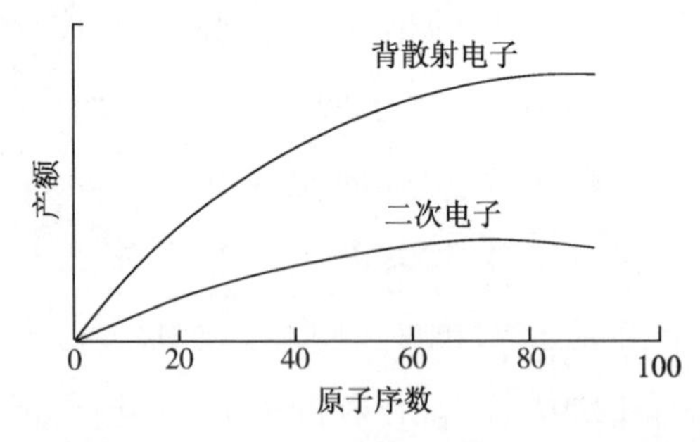

图 13-3　背散射电子、二次电子产额与原子序数的关系

（三）特征 X 射线

当束电子进入样品后，受到样品原子的非弹性散射，束电子的能量会被传递给原子而使其中某个电子层的电子

被电离，并脱离该原子，电子层上就会出现一个空位，这时候这个原子处于不稳定的高能激发态。激发态的持续时间一般较短，在 10^{-12} s 内原子便会恢复到最低能量的基态，在这个过程中，多余的能量会通过外层电子向内层空位跃迁时产生的特征 X 射线和俄歇电子（Auger Electron）释放出来。

特征 X 射线的能量等于在跃迁过程中相关电子层间的临界激发能之差。由于不同原子的电子层间能量差不同，因此，特征 X 射线反映了不同元素原子内部电子层结构的特征。特征 X 射线携带有样品化学成分信息，这也是其能用来设计 X 射线能谱仪的原因。X 射线的可接收信号可深达样品表面数微米范围（图 13-4）。

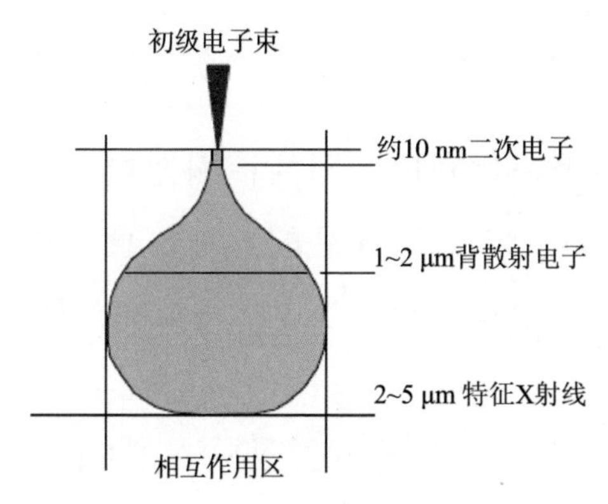

图 13-4　不同信号的来源深度

除了背散射电子、二次电子、特征 X 射线等信号外，束电子和样品发生相互作用后还有其他电子信号，如吸收电子、透射电子、俄歇电子等（表 13-1），但是这些信号不涉及扫描电镜的制作和设计，因此这里不再赘述。

表 13-1　束电子和样品发生相互作用产生的信号

散射类型	相互作用	产生信号	携带信息	取样范围
弹性/非弹性	束电子/原子核核外电子	背散射电子	成分/形貌	1/3 作用区
非弹性	束电子/电离核外电子	二次电子	表面形貌	<10 nm
非弹性	束电子/接地	吸收电子	成分	整个作用区
弹性/非弹性	束电子透过样品	透射电子	形貌	整个作用区
非弹性	束电子/电离再复合	阴极荧光	成分	几个微米
弹性	束电子/电离再复合	特征 X 射线	成分	几个微米
非弹性	束电子/电离再复合	俄歇电子	表层成分	<3 nm

扫描电镜通过利用不同的检测器接收各种信号，然后转换成图像，可以检测样品的各种信息，这些信息可以用来研究材料的微观形貌、晶体学特征和微区化学成分。

二、扫描电子显微镜的结构

扫描电镜的基本组成部分包括真空系统、电子枪、镜筒、样品室、探头系统、电源系统及用来放大操作和存储参数的软件系统。

（一）真空系统

真空系统为电镜提供适当的真空度，确保镜筒内电子束能够顺利到达样品表面。若无真空系统，电子束在空气中运动时，会因与空气分子或灰尘等发生碰撞而导致运动方向发生改变，或能量损失，这对于样品的观察是非常不利的。常规的电镜真空级别能达到 10^{-4}～10^{-9} mbar。这通常都需要借助涡轮分子泵来完成。

（二）电子枪

电子枪又常被称为灯丝，可以说是整个电镜系统的核心部件。因为扫描电镜最终接收到的样品信号强弱取决于束电子的能量，这就要求电子枪能发出能量高的电子束。目前市面上流通的扫描电镜中使用的灯丝分为三类：钨（W）灯丝、六硼化镧（LaB_6）或六硼化铈（CeB_6）灯丝、场发射（FE）灯丝（图 13-5）。

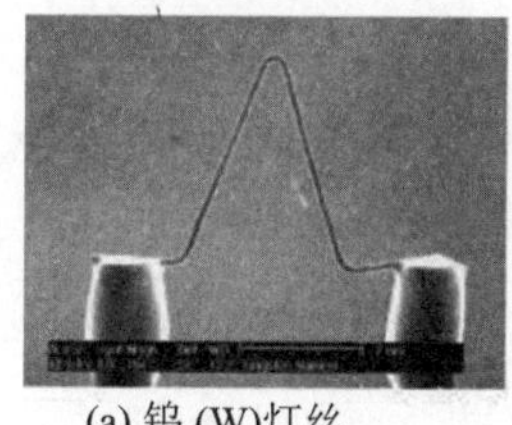

(a) 钨 (W)灯丝

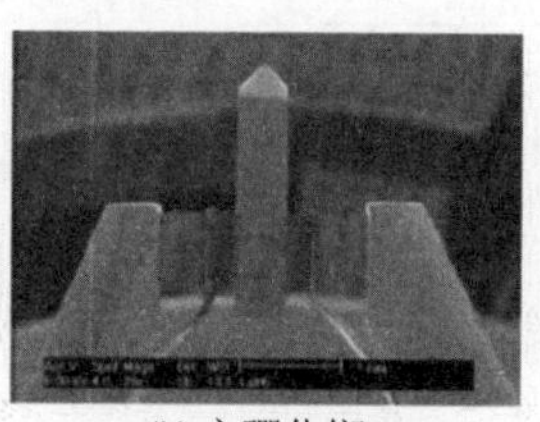

(b) 六硼化镧
六硼化铈(LaB_6/CeB_6)

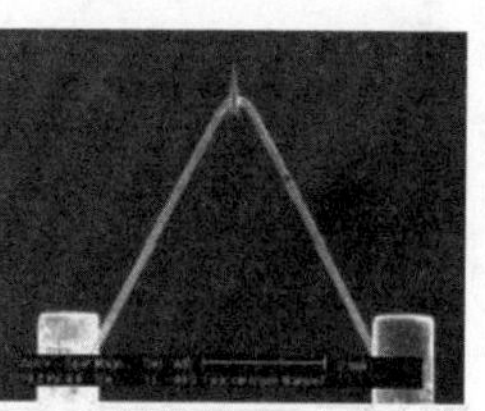

(c) 场发射(FE)灯丝

图 13-5　三种不同灯丝的结构

其中，钨灯丝由于其原材料便宜、制作工艺简单而被很多电镜厂家所采用。但是钨灯丝的寿命比较短，一般为 50～200 h，因此，需要经常更换钨灯丝。六硼化镧和六硼化铈灯丝在亮度和电子源直径等性能上都比钨灯丝要好，且其寿命比钨灯丝要长很多，一般能累积工作 1 000 h 以上。但是这种灯丝对真空的要求比钨灯丝要高。场发射灯丝的设计和钨灯丝很像，阴极都是一个弯成 V 形的钨丝，通过电流加热，尖端发射电子束。两者的区别在于场发射灯丝的尖端部位加入了有确定取向的钨单晶，这种点状钨阴极在负电位影响下，表面的电位势垒可以下降和变窄，电子能够直接离开阴极发射出来，并获得很高的电流密度。场发射灯丝又分为冷场发射阴极（CFE）和热场发射阴极（TFE），冷场发射阴极工作时只依靠电场发射电子，热场发射阴极为了保持钨尖的清洁、降低噪声和稳定发射，钨尖保持加热状态。几种灯丝的比较见表 13-2。

表 13-2 几种灯丝的比较

	热发射	热发射	冷场发射	热场发射
阴极材料	W	LaB_6	W（310）	W/ZrO_2（100）
工作温度/K	2 800	1 900	300	1 800
亮度/［A/（cm^2·sr）］	10^4	10^5	10^7	10^7
束流密度/（A/cm^2）	3	30	15 000	5 300
电子源直径/nm	50 000	5 000	2.5	15
最大束流/nA	1 000	1 000	0.2	10
束流稳定性/（%/h）	0.1	0.2	5	<0.5
能量分散/eV	1.5～2.5	1.5～2.5	0.3～0.7	0.4～0.7
阴极寿命/h	50～100	～1 000	>2 000	～2 000
真空度/Pa	$<10^{-3}$	$<10^{-4}$	$<10^{-8}$	$<10^{-7}$
图像分辨率/ppi	3.0	<2.5	<1.0	1.0

（三）镜筒

镜筒部分主要由电子光学系统组成，包括聚光镜、物镜、物镜光阑等，其作用是会聚电子束，让其以较小的束斑直径打到样品上；同时通过镜筒系统对样品进行聚焦操作，以获得清晰图像。

（四）样品室

样品室位于镜筒下方，内设样品台，可使样品在 X、Y、Z 轴三个坐标方向上移动，从而较方便地将样品移动至感兴趣区域进行观察。有些特殊样品台还配有旋转马达，可以自由旋转样品至任意角度观察。

（五）探头系统

探头系统的核心部件是检测器，用于检测样品在束电子作用下产生的物理信号，然后经数字处理转换成图像并显示出来。常见的检测器包括背散射电子检测器、二次电子检测器和特征 X 射线检测器，分别检测对应的信号。

（六）电源系统和软件系统

电源系统一般由稳压、稳流及其相应的安全保护电路组成，为电镜提供稳定可靠的电源。为保证设备内的真空状态，一般电镜设备都是常年保持开机，常外接稳压电源或不间断电源（Uninterruptible Power Supply，UPS）。

每个设备厂家的软件系统都不同，不过基本上都由计算机控制，包括真空度调节、电子枪束斑调节、图像质量调节等，其目的都是为了获得合适且清晰的电镜图像。

三、X 射线能谱仪

很多时候，需要关注的信息除了样品表面形貌之外，还需要关注样品的组成成分。样品的组成成分对材料性能有很大影响，这时候就需要配合 X 射线能谱仪进行检测。如前文所说，特征 X 射线携带有样品的相关信息，配合 X 射线探测器接收这部分的信号，经过数据处理，就能得到关于样品组成成分的信息。

正常状态下，原子序数大于 10 的原子，其 K 层和 L 层的电子是填满的。当一个 K 层电子被激发电离后，外层电子发生跃迁，释放出特征 X 射线，这些射线被称作 K 系谱线；若是 L 层电子跃迁填补空位，产生的谱线为 K_α，若是 M 层电子跃迁填补空位，产生的谱线为 K_β，以此类推后面的谱线。当一个 L 层电子被激发电离，M 层电子跃迁填补时，产生的谱线为 L_α；N 层电子跃迁填补时，产生的谱线为 L_β。以此类推可以获得其他线系的命名（图 13-6）。

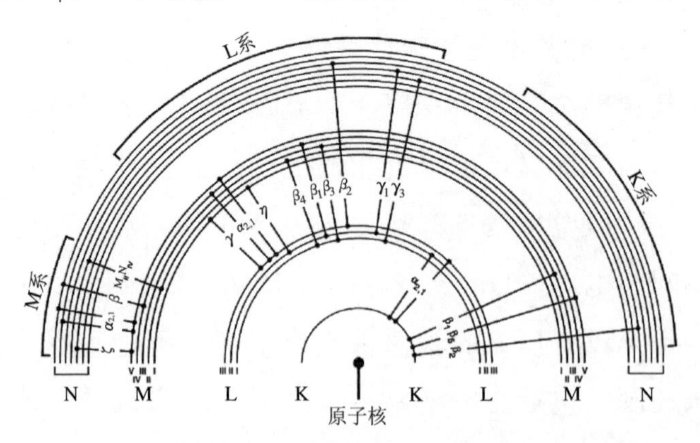

图 13-6　特征 X 射线的命名

原子序数越大，核外电子层分布越复杂，当原子序数小于 10 时，元素特征 X 射线只有 K_α；当原子序数大于 10 时，则 K 系谱线有 K_α 和 K_β；当原子序数大于 20 时，除去 K 系外，还有 L 系谱线；当原子序数大于 50 时，M 系谱线也开始出现。当原子序数增加，元素特征 X 射线由 K 系向 L 系和 M 系过渡。图 13-7 为铁的能谱。

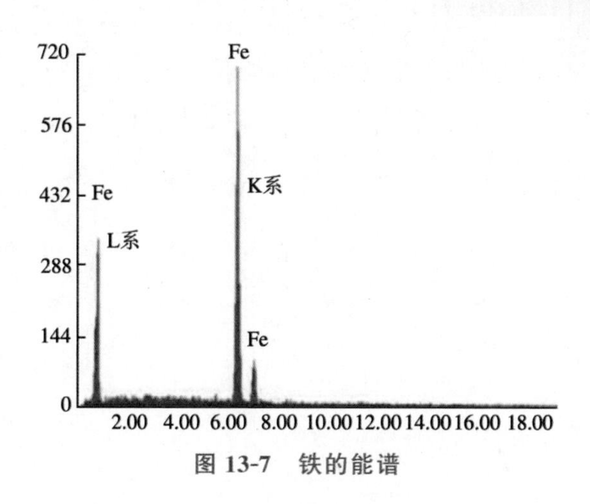

图 13-7 铁的能谱

四、扫描电子显微镜的应用

扫描电镜具有分辨率高、放大倍率宽、三维立体效果好、样品制备简单、综合分析能力强、操作简单等特点，可以把微观世界展现到人眼分辨率可以接收到的程度，因此其使用范围相比于其他显微镜要更广泛，已在学校、科研机构、企业等多个领域获得了广泛的应用。

扫描电镜的应用范围包括：

（1）金属、陶瓷、矿物、水泥、半导体、纸张、塑料、食品、农作物和化工产品的微观形貌、晶体结构和相组织的观察与分析。

（2）各种材料化学成分的定性、定量检测。

（3）粉末、微粒、纳米样品形态观察和粒度测定。

（4）机械零部件与工业产品的失效分析。

（5）镀层厚度、成分与质量评定。

（6）刑事案件物证分析与鉴定。

（7）新材料性质的测定与评价。

（8）在生物、医学和农业领域的应用。

演示实验

用扫描电镜观察生活中的常见样品

实验目的

（1）了解生活中常见物品的微观结构。

（2）思考材料微观结构与性能的关系。

实验材料和设备

棉纺织物、头发、植物花粉等。

扫描电镜、真空干燥箱、样品台、导电胶。

实验步骤

（1）将棉纺织物、头发、花粉等样品置于真空干燥箱内烘干（60 ℃，30 min）。

（2）用导电胶将样品贴到样品台上。

（3）将样品台送入电镜腔室，观察其形貌。

实验结果

1. 棉纺织物

从电镜图片可以看出，不同棉纺织物上纤维数量和纤维粗细都不一样（图 13-8）。纤维细度及其离散程度不仅与纤维强度、伸长度、刚性、弹性和形变的均一性有关，还极大地影响织物的手感、风格及纱线和织物的加工过程。细度不匀比长度不匀和纤维种类的不同更容易导致纱线不匀及纱疵。另外，具有一定的异线密度，对纱的某些品质（如丰满、柔软等）的形成是有利的。

图 13-8　不同棉纺织物的电镜图片

2. 头发

从电镜图片（图 13-9）可以看出，不同的人的头发粗细不一（同一个人的不同头发也有粗细的差异），且有的头发的毛鳞片尚完整，有细微损伤；有些头发即使经过放大，也完全看不到毛鳞片结构。毛鳞片是头发的保护层，当毛鳞片排列整齐、边缘平滑时，头发可以折射更多光线，显得有光泽；若头发保护不当，经常烫发、染发或经常高温吹发时，毛鳞片就会受损越来越严重，失去光泽，手感粗糙，甚至头发开叉。

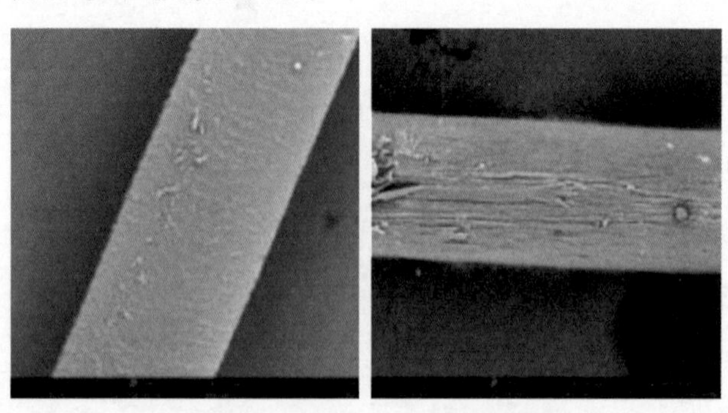

图 13-9　不同人头发的电镜图片

3. 植物花粉

从电镜图片可以看出，不同花粉的形貌具有非常明显的区别（图 13-10）。有的表面光滑，有的表面长有触角；有的呈球形颗粒，有的呈椭球型颗粒。花粉形态的研究可以为植物的分类鉴定和植物系统发育的研究提供资料。

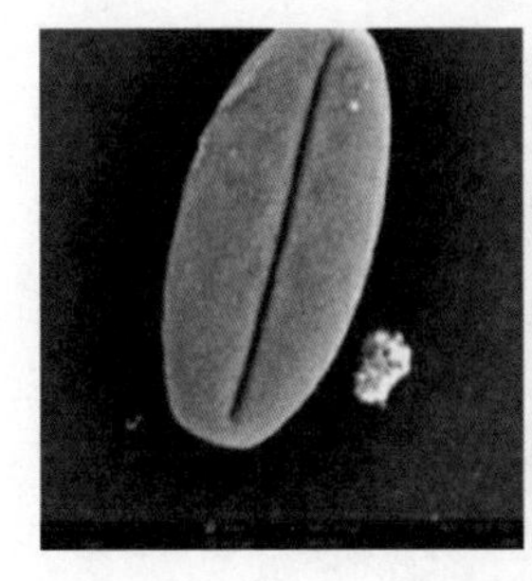
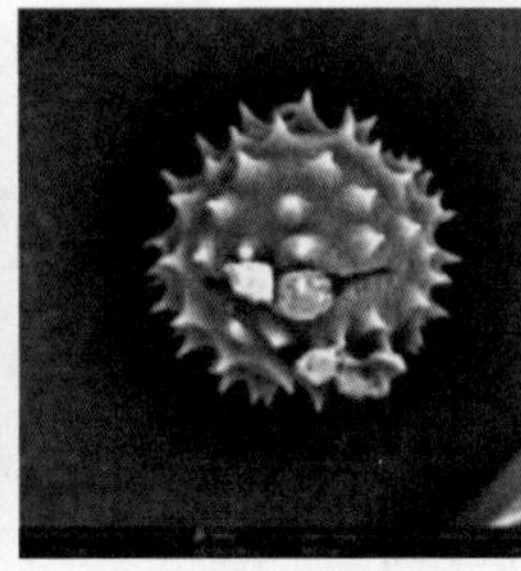

图 13-10　不同花粉的电镜图片

思考题

（1）请简述特征 X 射线的产生原理。

（2）为什么扫描电镜的样品需要保证干燥？

第十四章 纳米技术在抗体抗原检测方面的应用

生物检测技术以现代生命科学为基础，结合各种分析技术和其他基础学科的科学原理，对生物的个体、器官、组织、细胞、生物大分子的生命活动进行定性、定量的观察、比较、分析、判断。从检验方法看，可分为生物形态学、免疫学、分子生物学、细胞化学、生物化学、生物物理学、细胞生物学、结构生物学等。不同领域的生物检验都有其各自不同的理论、规律和技术特异性，彼此间不可代替。然而在检验的方法、手段上，它们可以相互交叉，相互借鉴衔接。

近年来，随着科学技术的不断发展，在生物医学检测领域，涌现出了大量新颖的检测技术。其中，对于免疫反应相关检测技术更是引起了人们的关注。因为免疫反应涉及抗原和抗体间高度互补的立体化学、氢键、范德华力和疏水力等的综合作用，其相关检测技术可以达到极高的选择性和灵敏度。目前，免疫检测技术已经广泛应用到众多相关领域，如医学检测、环境监测、食品质量检测等领域。本章将以免疫反应——抗体抗原反应为切入点，简述纳米材料及纳米技术在免疫学生物检测技术中的应用。

一、免疫系统

免疫系统是机体执行免疫应答及免疫功能的重要系统，是防卫病原体入侵最有效的武器，它能发现并清除异物、外来病原微生物等引起内环境波动的因素。它具有识别和排除抗原性异物、与机体其他系统相互协调、共同维持机体内环境稳定和生理平衡的功能。该系统由免疫器官、免疫细胞及免疫活性物质组成。

（一）免疫器官

免疫器官包括骨髓、脾脏、淋巴结、扁桃体、小肠集合淋巴结、阑尾、胸腺等。按其发生与功能不同，免疫器官可分为中枢免疫器官和外周免疫器官（图 14-1），二者通过血液循环及淋巴循环互相联系。中枢免疫器官是免疫细胞发生、分化、发育、成熟的场所，某些情况下（如再次抗原刺激或自身抗原刺激）也是产生免疫应答的场所。人和其他哺乳类动物的中枢免疫器官包括胸腺和骨髓，鸟类的腔上囊（法氏囊）的功能相当于骨髓。骨髓是造血器官，也是各种免疫细胞的发源地。血液的所有细胞成分都来源于造血干细胞，其中髓系细胞（红系细胞、粒系细胞、单核系细胞与巨核系细胞）是完全在骨髓内分化生成的；淋巴系细胞（T 细胞与 B 细胞）的发育前期是在骨髓内完成的；另外，B 细胞分化为浆细胞后，也回到骨髓，并产生大量抗体。外周免疫器官是成熟淋巴细胞定居和产生免疫应答的场所，包括淋巴结、脾、黏膜相关淋巴组织。

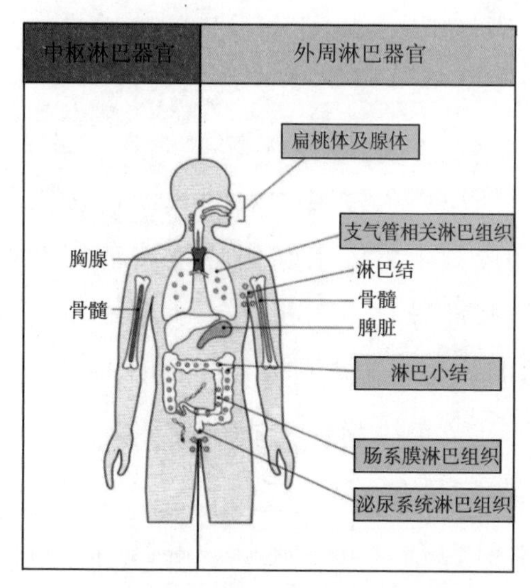

图 14-1　中枢淋巴器官和外周淋巴器官示意图

（二）免疫细胞

免疫细胞泛指所有参与免疫反应或与免疫应答有关的细胞及其前体细胞。包括造血干细胞、淋巴细胞、单核巨噬细胞、树突状细胞和粒细胞等。其中，淋巴细胞包含 T 细胞、B 细胞、自然杀伤细胞（NK 细胞）等。而单核吞噬细胞、树突状细胞、B 淋巴细胞属于抗原提呈细胞（Antigen-Presenting Cells，APC）。

淋巴细胞中的 T 细胞（图 14-2）来源于骨髓，在胸腺中发育成熟，T 细胞在外周血中占淋巴细胞总数的 60%～80%。T 细胞不产生抗体，而是直接起作用，所以 T 细胞的免疫作用为“细胞免疫”。B 细胞在骨髓中发育成熟，在外周血中占淋巴细胞总数的 10%～15%，B 细胞是通过产生抗体起作用的。抗体存在于体液里，所以 B 细胞的免疫作用为“体液免疫”。而自然杀伤细胞（NK 细胞）是一类无须抗原刺激，可非特异直接杀伤靶细胞（肿瘤细胞、病毒感染细胞等）的淋巴细胞。

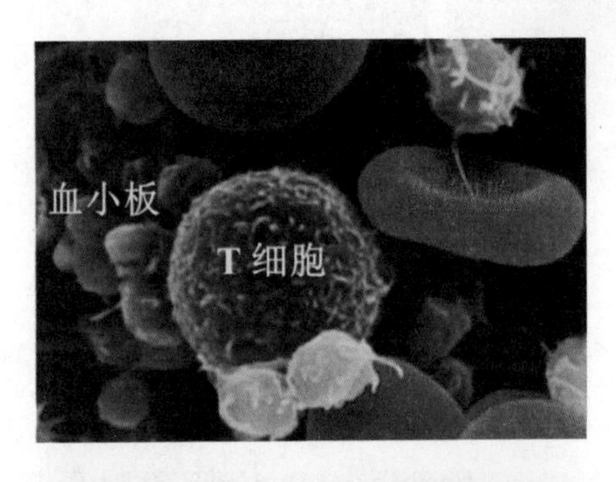

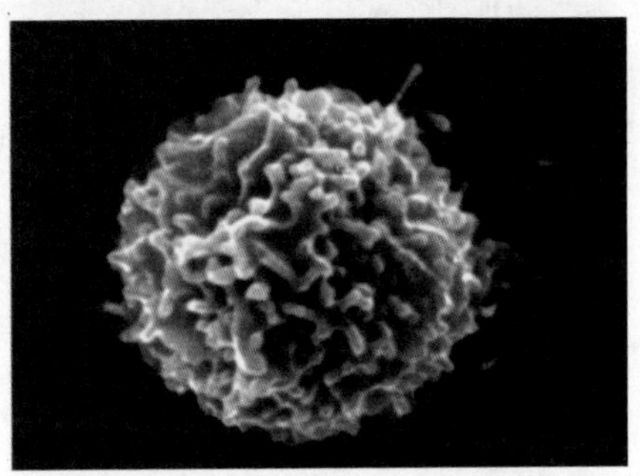

图 14-2 T 细胞示意图

抗原提呈细胞是指具有摄取、加工、处理抗原的能力并将抗原信息提呈给 T 细胞的一类细胞（图 14-3）。它又可分为专职 APC 和非专职 APC。其中单核吞噬细胞、树突状细胞、B 细胞属于专职 APC，内皮细胞、上皮细胞、成纤维细胞、活化的 T 细胞等则属于非专职 APC。

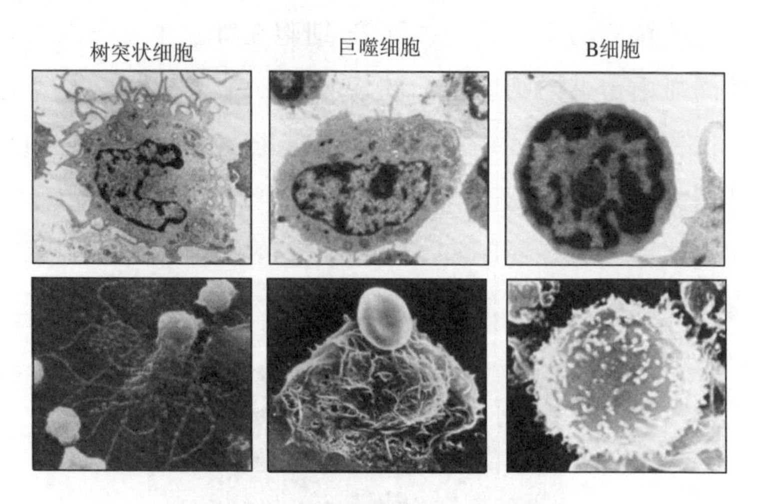

图 14-3 抗原提呈细胞电镜照片

（三）免疫活性物质

免疫活性物质包括抗体、溶菌酶、补体、免疫球蛋白、干扰素、白细胞介素、肿瘤坏死因子等细胞因子。抗体是机体免疫细胞被抗原激活后，由 B 细胞分化成熟的浆细胞合成、分泌的一类能与相应抗原特异性结合的具有免疫功能的球蛋白。溶菌酶是一种能水解细菌中黏多糖的碱性酶，可与带负电荷的病毒蛋白直接结合，与 DNA、RNA、脱辅基蛋白形成复合体，使病毒失活。细胞因子主要是由活化的免疫细胞或间质细胞所合成、分泌的多肽类活性分子，是一类重要的生物应答调节剂。细胞因子包含干扰素、白细胞介素、肿瘤坏死因子、集落刺激因子、生长因子、趋化因子。

（四）免疫反应

免疫反应是指机体对于异己成分或者变异的自体成分做出的防御反应。免疫反应可分为非特异性免疫反应和特异性免疫反应。非特异性免疫构成人体防卫功能的第一道防线，是种群在长期进化过程中逐渐形成的防御功能，是经遗传获得，而并非针对特定的抗原，亦称天然免疫。特异性免疫是出生后产生的，由个体接触特异性抗原（决定基）而产生，仅针对特定抗原（决定基）而发生的反应。特异性免疫包括 B 细胞产生的抗体介导的体液免疫和 T 细胞介导的细胞免疫。

二、抗体抗原反应

（一）抗原

凡能刺激机体产生抗体和致敏淋巴细胞，并能与之发生反应的物质称为抗原（Ag）。抗原物质具有抗原性，包括免疫原性与反应原性。

免疫原性（抗原作用）是指能刺激机体产生抗体和致敏淋巴细胞的特性，即能刺激机体免疫系统使之产生特异性免疫应答。反应原性（抗原反应）是指抗原与相应的抗体或致敏淋巴细胞发生反应的特性，即能与相应的应答产物在体内外发生特异性结合，此特性又称为免疫反应性。

按抗原的性质，抗原可分为完全抗原与不完全抗原。既具有免疫原性，又有反应原性的物质称为完全抗原。只具有反应原性而缺乏免疫原性的物质称为不完全抗原，亦称为半抗原，如荚膜多糖、类脂、脂多糖。影响抗原免疫原性的因素如下：

（1）异源性。其又称异物性，一般说来，只有非自身物质进入机体才能具有免疫原性。微生物、异种组织、细胞及蛋白质均是良好的抗原。通常动物亲缘关系相距越远，种系差异越大，免疫原性越好。

（2）大分子。抗原的免疫原性与其相对分子质量大小有直接关系。免疫原性良好的物质相对分子质量一般都在10 000以上，在一定条件下，相对分子质量越大，免疫原性越强。相对分子质量小于5 000，其免疫原性较弱。相对分子质量在1 000以下的物质为半抗原，没有免疫原性。但与蛋白质载体结合后可获得免疫原性。

（3）分子结构。相同大小的分子如果化学组成、分子结构和空间构象不同，其免疫原性也有一定的差异。一般讲，分子结构和空间构型越复杂，免疫原性越好。芳香环结构比直链结构强。

（4）物理性。颗粒性抗原的免疫原性通常比可溶性抗原强。

（5）完整性。抗原物质通常要通过非消化道途径以完整分子状态进入体内，才能保持抗原性。

（二）抗体

抗体是机体免疫细胞被抗原激活后，由B细胞分化成熟的浆细胞合成、分泌的一类能与相应抗原特异性结合的具有免疫功能的球蛋白，主要存在于血清中，也存在于淋巴液及外分泌液中。抗体是由两条相同的轻链和两条相同的重链通过链间二硫键连接而成的四肽链结构，呈Y字形。如图14-4所示，轻链（L链）可变区可与抗原结合，重链（H链）有可变区（Fab）和恒定区（Fc）。

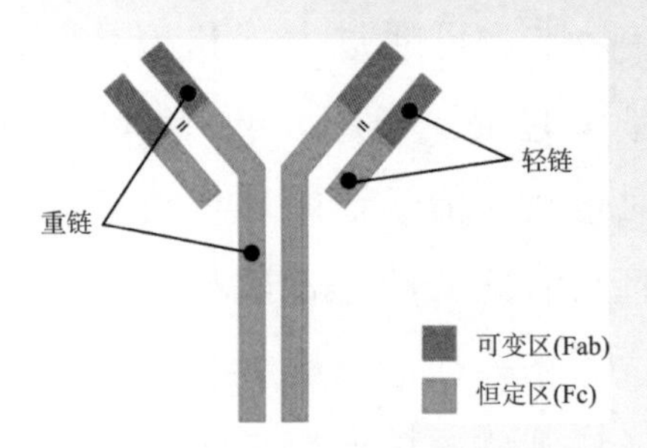

图 14-4 抗体结构示意图

免疫球蛋白（immunoglobulin，Ig）是指具有抗体活性或化学结构与抗体分子相似的球蛋白。免疫球蛋白分为五类，即免疫球蛋白 G（IgG）、免疫球蛋白 A（IgA）、免疫球蛋白 M（IgM）、免疫球蛋白 D（IgD）和免疫球蛋白 E（IgE）（图 14-5）。

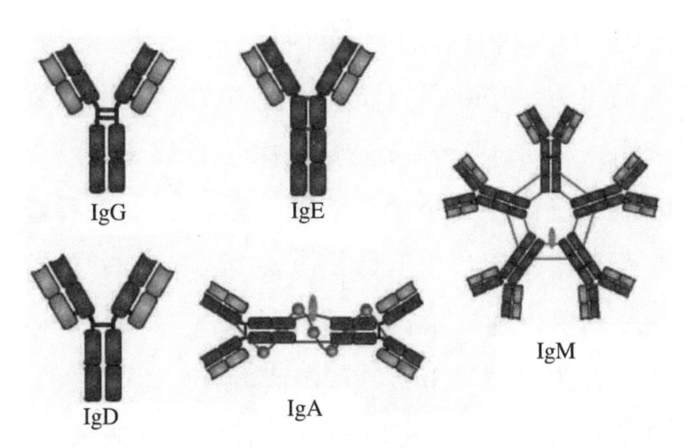

图 14-5 免疫球蛋白

IgG 是人和动物血清中含量最高的 Ig，占血清 Ig 总量的 75%～80%。IgG 是介导体液免疫的主要抗体，多以单体形式存在。IgG 主要由脾脏和淋巴结中的浆细胞产生，大部分（45%～50%）在血浆中，其余存在于组织液和淋巴液中。IgG是唯一可通过人（和兔）胎盘的抗体，在新生儿的抗感染中起重要作用。IgG是动物机体抗感染免疫的主力，同时也是血清学诊断和疫苗免疫后监测的主要抗体。高含量且长时间持续于动物体内，能调理、凝集和沉淀抗原，与抗原结合后能结合补体，可发挥其抗菌、抗病毒、抗毒素及抗肿瘤等免疫学活性。

IgM是动物机体初次体液免疫应答最早产生的免疫球蛋白，是由五个单体组成的五聚体，为所有Ig中相对分子质量最大的，又被称为巨球蛋白。IgM主要由脾脏和淋巴结中B细胞产生，只分布于血液中，仅占血清Ig的10%左右。IgM在体内产生最早，在抗感染免疫的早期起着十分重要的作用，也可通过检测IgM抗体进行血清学的早期诊断。但与IgG相比，其持续时间短，因此不是机体抗感染免疫的主力。IgM具有抗菌、抗病毒、中和毒素等免疫活性，由于其分子上含有多个抗原结合部位，所以它是一种高效能的抗体，其杀菌、溶菌、溶血、促进吞噬（调理作用）及凝集作用均比IgG高（高500～1 000倍）。

IgA以单体和二聚体两种分子形式存在。单体存在于血清中，称为血清型IgA，占血清Ig的10%～20%；二聚体为分泌型IgA。IgA是由黏膜固有层中的浆细胞所产生，存在于乳汁、唾液及外分泌液中。血清型的IgA具有抗菌、抗病毒、抗毒素等免疫学活性。分泌型IgA对机体呼吸道、消化道等局部黏膜免疫起着相当重要的作用，可抵御经黏膜感染的病原微生物。在传染病预防中，经滴鼻、点眼、饮水及喷雾途径免疫，均可产生分泌型IgA而建立相应的黏膜免疫力。

IgE 的产生部位与分泌型 IgA 相似，在血清中的含量甚微。IgE 是一种亲细胞性抗体，易与皮肤组织、肥大细胞、血液中的嗜碱性粒细胞和血管内皮细胞结合，可介导 I 型过敏反应（I 型过敏反应是指机体受到某些抗原刺激时，引起的由特异性 IgE 抗体介导产生的一种发生快、消退亦快的免疫应答，表现为局部或全身的生理功能紊乱）。IgE 在抗寄生虫、某些真菌感染方面也有重要作用。

IgD 为 B 细胞的分化受体。其分泌很少，在血清中的含量极低，且不稳定，容易降解。目前对血清中的 IgD 的结构和功能尚不完全清楚，是否具有抗感染作用也未证实。有报道认为 IgD 与某些过敏反应（如抗青霉素和牛奶过敏性抗体及一些自身免疫病抗体）有关。

（三）抗原抗体反应

抗原抗体反应是指抗原与相应抗体之间所发生的特异性结合反应。体液免疫的基础就是抗体抗原反应，通过抗原抗体的结合继发出各种生理效应，如溶细胞效应、促吞噬作用、凝集作用、沉淀作用、调节作用等，形成一整套机体体液免疫功能。抗原决定簇与抗体结合部位的结合要求分子结构有互补性，因此该结合具有高度的特异性。

抗原与抗体相互结合只局限于一些大分子表面的特定部位，即在抗原决定簇和抗体结合位点之间，以亲和力的作用方式结合在一起。这种结合可以是以游离形式，也可以结合在细胞表面。抗原抗体的亲和性是指抗体分子上一个抗原结合点与对应的抗原决定簇之间相适应而存在着的引力，是抗原抗体间固有的结合力。亲和力是指抗体结合部位与抗原表位之间结合的强度。

抗原与抗体的结合并没有共价键形成，而是这些特定部位之间的短程分子力相互作用的结果。这些吸引力只有在极短的距离内才有效。因此，抗原决定簇与抗体结合位点在空间上必须处于紧密接触状态，才能产生足够的结合力。这种分子间的互补结构决定了抗原与抗体结合的专一性。抗原抗体分子间的作用力即亲和力，包括离子键、范德华引力、氢键和疏水作用力（图 14-6）。其中，范德华引力作用最小，氢键最具特异性，疏水作用力作用最大。

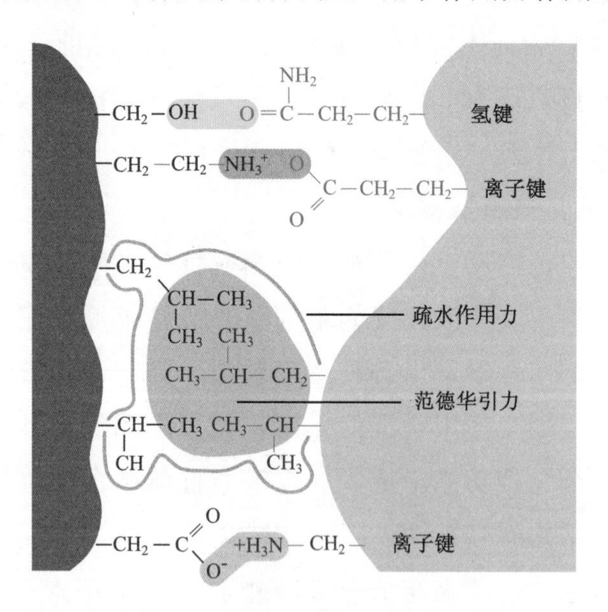

图 14-6　抗原抗体结合力示意图

对于两种不同的抗原分子具有部分相同或相似结构的抗原表位，可与彼此相应的抗血清发生反应，此反应称为交叉反应（图 14-7）。

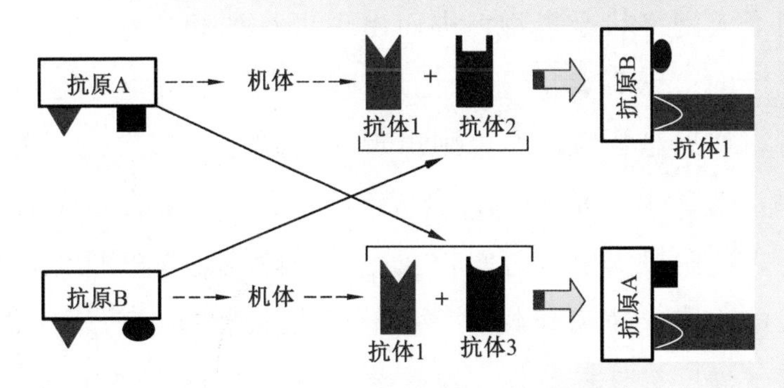

图 14-7　抗原抗体交叉反应的示意图

抗原与抗体的结合反应具有可逆性。可逆性是指抗原与相应抗体结合成复合物后，在一定条件下又可解离为游离抗原与抗体的特性。

影响抗原抗体反应可逆性的因素有抗体抗原的亲和力、pH、离子强度等外界环境因素对复合物的影响。一般情况下，抗体抗原的亲和力越高，结合越牢固，抗体抗原复合物越不易解离。

由于抗原与抗体结合的可逆性，可利用亲和层析法分离纯化抗原或抗体；利用待测抗原、标准抗原与抗体的竞争结合，进行抗原或抗体的定量测定，如放射免疫测定法、酶联免疫吸附法等。

抗原抗体反应可分为特异性结合和可见反应两个阶段。当抗原与同型抗体相遇时，在合适条件下，不论彼此量的多少，都立即发生特异性的结合，形成抗原抗体复合物，这一过程通常只需要几秒的时间便可完成，称为反应的一级阶段，即特异性结合阶段。此阶段无可见反应出现。在一级阶段之后，继发出现抗原与抗体间进一步交联而形成网络状凝集物，进而出现可见的凝集和沉淀，称为反应的二级阶段，即可见反应阶段。当抗体与抗原结合时，如果是颗粒抗原，则出现凝集现象；如果是可溶性抗原，则产生沉淀作用。与特异性结合阶段的反应时间相比，此阶段需要的时间较长。这一阶段是抗原抗体网格生长的阶段，速率要慢得多，且在很大程度上依赖于温度、离子强度等外界条件，更重要的是需要合适的抗原、抗体分子比例（图 14-8）。只有当二者的结合价彼此饱和时，才能连接成一个大网格样凝集物，出现凝集或沉淀。

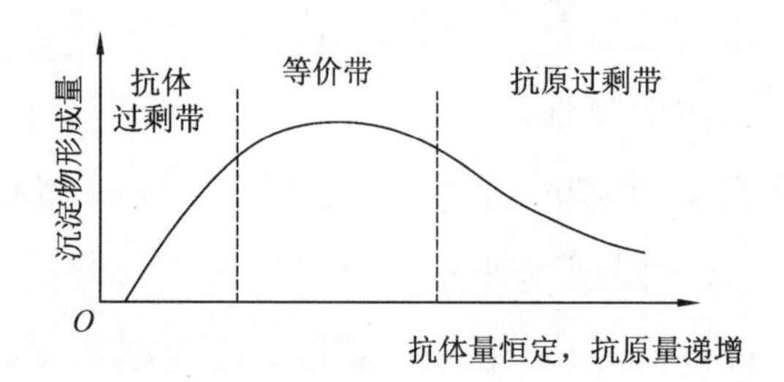

图 14-8　抗原抗体反应的比例性示意图

抗原与抗体发生可见反应需遵循一定的量比关系，这一特征是抗体抗原反应的比例性特征。在抗原抗体特异性反应时，生成结合物的量与反应物的浓度有关。只有当抗原、抗体分子比例合适时，抗原、抗体才能充分结合，沉淀物形成快而多，称为抗原抗体反应的等价带。若抗原或抗体极度过剩，则无沉淀形成，称为带现象。抗体过量时，称为前带；抗原过剩时，称为后带。

（四）免疫检测法

抗原与抗体结合后，只有出现可见的反应，如凝集、溶血、沉淀实验等，或用荧光素、酶、放射性同位素等标记方法提高可测性，才便于在免疫检测中运用。可见性反应的出现，对抗原、抗体分子合适比例的要求远比对彼此绝对量方面的要求要高得多。这就是说，一方面，在进行免疫检测时，要注意抗原、抗体的用量；另一方面，只要提高可见度或可测性，便可大大提高免疫检测方法的灵敏度。

1. **凝集反应**

凝集反应（图 14-9）是指颗粒性抗原与相应抗体结合而出现的肉眼可见的凝集现象。颗粒性抗原如完整的细菌、红细胞等与相应抗体相混合，在一定条件下出现凝集。凝集反应中抗原被称为凝集原，抗体被称为凝集素。

直接凝集反应是颗粒性抗原（本身）与抗体发生反应产生的凝集的现象。实验方法包括玻片法和试管法。玻片法主要用于抗原的定性分析，一般用于菌种鉴定和 ABO 血型鉴定。试管法则是一种半定量的测试方法，通过肥达氏反应和瑞特氏反应分别进行伤寒或副伤寒诊断和布氏菌病诊断。

间接（被动）凝集反应是吸附于适当大小的颗粒性载体的可溶性抗原（抗体）与相应的抗体（抗原）相互作用，在适宜的电解质存在的条件下，产生的凝集的现象。根据载体的不同，可分为间接血凝、间接乳胶凝集和间接炭凝，如表 14-1 所示。

若先将可溶性抗原与抗体反应，隔一定时间后再加入相应抗原致敏的颗粒，因抗体已与抗原结合，不再出现间接凝集现象，说明标本中存在可溶性抗原，这种反应称间接凝集抑制试验。

表 14-1 间接凝集反应种类及所用载体

间接凝集反应	载体
间接血凝	红细胞
间接乳胶凝集	聚苯乙烯乳胶颗粒
间接炭凝	活性炭

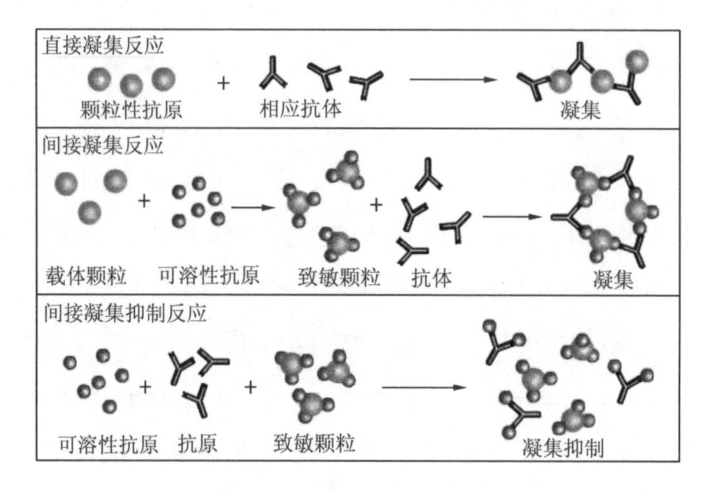

图 14-9 凝集反应示意图

协同凝集试验是将抗体结合于金黄色葡萄球菌（SPA），然后与可溶性抗原反应，产生的凝集的现象（图 14-10）。协同凝集试验可检测存在于血液、脑脊液和其他分泌液中的微量抗原，用于流脑、伤寒、布氏菌病等的早期诊断。

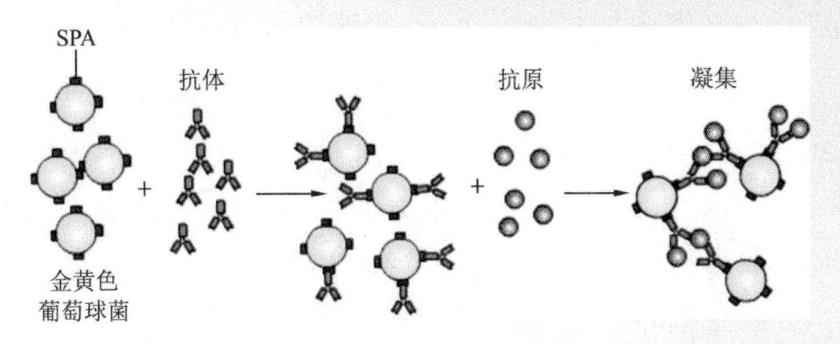

图 14-10　协同凝集试验

抗人球蛋白试验又称 Coomb's 试验，是检测红细胞不完全抗体的一种经典方法。不完全抗体多是 IgG 抗体，该抗体能与相应抗原结合，由于只能与一方红细胞抗原的决定簇结合，而不能同时与双方红细胞抗原的决定簇连接，在一般条件下不出现可见反应。抗人球蛋白抗体作为第二抗体，起到桥梁的作用，链接与红细胞抗原结合的特异性抗体，使红细胞凝集。抗人球蛋白试验可分为直接试验和间接试验。直接试验的目的是检查红细胞表面的不完全抗体。间接试验的目的是检查血清中存在的游离的不完全抗体。

2. 沉淀反应

沉淀反应是可溶性抗原与相应抗体在电解质存在的条件下结合出现沉淀物的现象。

絮状沉淀反应可用于寻找抗原抗体反应的合适比例，检测抗原抗体的分子比。在一系列试管中加入等量的抗体和递增量的抗原，在中性条件下，37 ℃保温 1～2 h，便可见到絮状的蛋白质沉淀。

环状沉淀反应只能用于定性测定，不能用于定量测定。在试管中加入抗体后，小心加入相应抗原，使抗原、抗体初步混合，37 ℃保温 10～20min，在二者界面上出现环状沉淀。

双向扩散又称琼脂扩散，是利用琼脂凝胶做介质的一种沉淀反应。琼脂是多孔的网状结构，可使大分子物质通过，分子的扩散作用使两处的抗原、抗体相遇，比例合适时形成沉淀，可观测到沉淀弧。沉淀弧的特征与位置取决于抗原分子的大小、结构、扩散系数和浓度等。当抗原、抗体存在多种体系时，会出现多条沉淀弧。用生理盐水配制 1%～5%的琼脂，取 4 mL 倒在显微镜用的载玻片上，凝固后打孔，在中心孔处滴入抗原，在外周孔处滴入抗体，用于测定抗体效价；在中心孔处滴入抗体，在外周孔处滴入抗原，用于检测抗原的存在和定性抗原。

单向免疫扩散又称单向琼脂扩散，是定量抗原的一种检测方法。与双向扩散不同的是，在琼脂中含有一定量的抗体，孔内加入未知量的相应抗原。在 37 ℃保温过程中，孔内的抗原向周围扩散，与抗体形成沉淀圈。根据沉淀圈的大小，确定抗原的含量。

另外，还有其他众多的免疫检测技术和手段，其机理都利用了抗原、抗体的沉淀反应。例如，微量免疫电泳、对流免疫电泳、火箭电泳等。只不过其检测的对象和检测的目的各有不同。

3. 免疫标记技术

免疫标记技术是指用荧光素、同位素或酶等示踪物质标记抗体（抗原），与抗原（抗体）进行反应，通过检测示踪物质，分析被检抗原（抗体）的存在或含量的方法。该方法具有较高的灵敏度，一般应用于微量物质的定性、定量或定位。

（1）免疫荧光技术（又称荧光抗体技术）。

用荧光素（如异硫氰酸荧光素、罗丹明 B200 等）标记抗体（荧光抗体），用荧光抗体浸染细胞或组织切片，抗原与荧光抗体结合，于荧光显微镜下观察荧光，确定被检抗原的存在。

免疫荧光技术包括直接法、间接法、间接补体增强法（图 14-11）。直接法用于抗原鉴定、定位和分布。其特异性强，但必须制备针对每一种抗原的荧光抗体。间接法是用荧光素标记抗球蛋白抗体（荧光抗抗体），其优点是只制备一种荧光素标记的抗体，可检测多种抗原或抗体，但易产生非特异性荧光。间接补体增强法可用于检测抗原或抗体，该方法敏感性高，但易产生非特异性荧光。

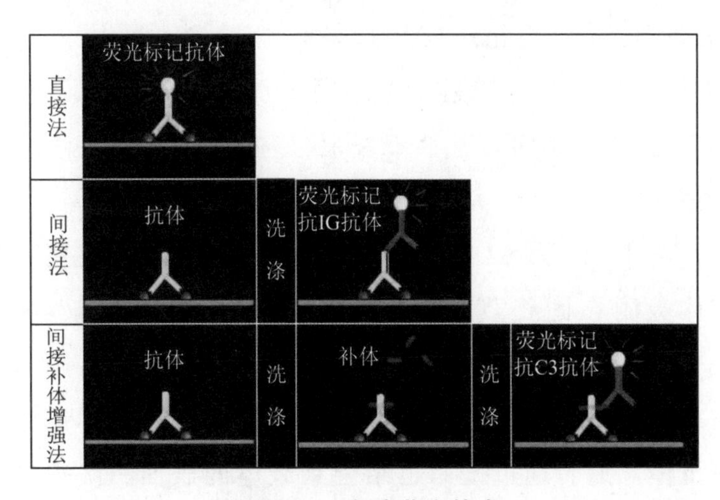

图 14-11　免疫荧光技术

（2）免疫酶技术。

免疫酶技术是将抗原抗体反应与酶催化底物的作用相结合的一种方法。其显示方法是用酶的特殊底物来处理反应后的标本，通过酶催化底物的显色反应来测定抗原或抗体的存在，以酶标做定量或定性分析。免疫酶技术主要有免疫酶染色和酶免疫测定两种类型。

免疫酶染色（又称免疫组化技术）用酶（如辣根过氧化物酶、碱性磷酸酶等）标记抗体（酶标抗体），将酶标抗体与抗原（细胞或组织切片）作用，抗原与酶标记的抗体结合，加底物，酶催化底物产生有色物质，观察结果。该技术主要应用于细胞内、组织内抗原的定性、定量和定位检测。

酶免疫测定又称免疫酶技术，目前应用最多的免疫酶技术是酶联免疫吸附试验（ELISA），先将抗原（抗体）结合于固相载体；再与抗体（抗原）反应；然后加酶底物，酶促反应。此法应用广泛，可检测微量抗体和抗原（如微生物成分、激素、细胞因子、黏附分子等）。ELISA实验方法包括间接法、双抗体夹心法（双位点法）和竞争法。

图 14-12 为 ELISA 双抗体夹心法示意图。先将特异性抗体吸附在固相载体（聚苯乙烯制成的小管、小盘或小孔）上，再加被测溶液，若样品中有相应抗原，则与抗体在载体表面形成复合物。然后在洗涤后加入酶标记的特异性抗体，后者通过抗原也结合到载体的表面。洗去过剩的酶标记的抗体，加入酶的底物，在一定时间内经酶催化产

生的有色产物的量与溶液中抗原含量成正比，可用肉眼观察或用分光光度计测定。

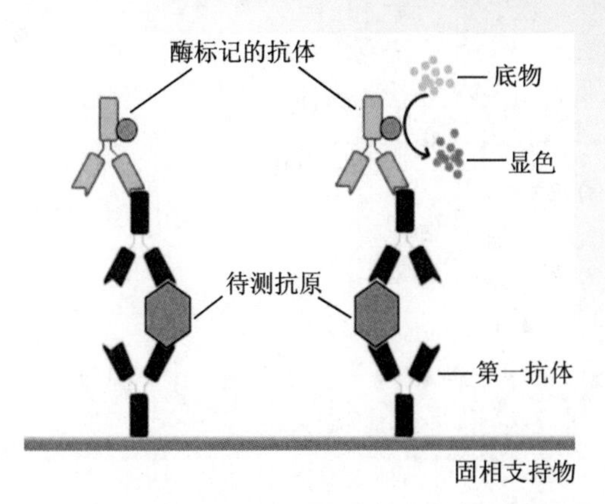

图 14-12　ELISA 双抗体夹心法示意图

为了检测抗体可用间接法。使抗原吸附于载体上，然后加入被测血清，如有抗体，则与抗原在载体上形成复合物。洗涤后加酶标记的抗球蛋白（抗抗体）与之反应。洗涤后加底物显色，有色产物的量与抗体的量成正比。

图 14-13 为 ELISA 竞争法示意图。先将特异性抗体吸附于固相支持物，再加入待测抗原（标准品或样本）和酶标记的检测抗原，二者竞争与固相抗体结合，然后洗去过剩的抗原和酶标记的检测抗原，最后加入酶的底物，在一定时间内经酶催化产生的有色产物的量与溶液中待测抗原含量呈负相关。

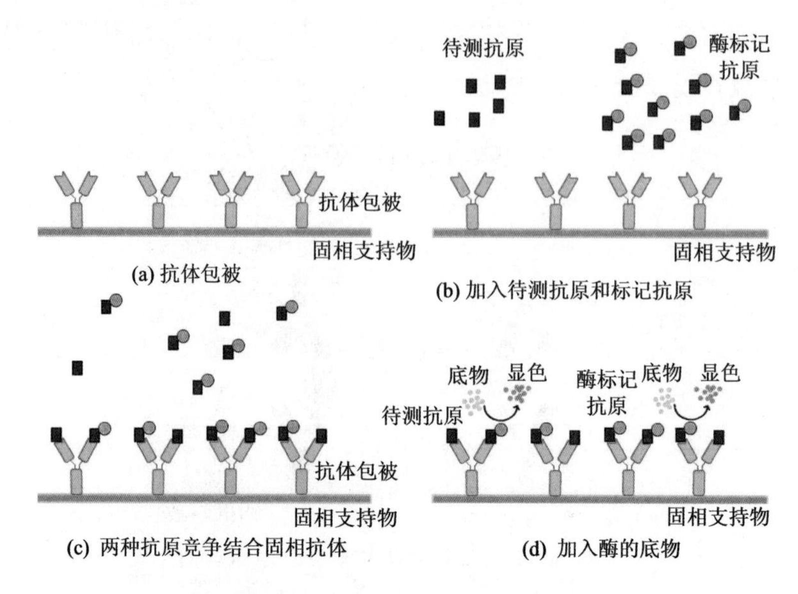

图 14-13 ELISA 竞争法示意图

（3）同位素标记技术。

同位素标记技术是一种放射性同位素分析与抗原抗体反应相结合方法，也称为放射免疫分析（Radio Immuno Assay，RIA）。经典的放射免疫技术是标记抗原与未标记抗原竞争有限量的抗体，通过测定标记抗原抗体复合物中放射性强度的改变，测定出未标记抗原量。它可以分为两类：竞争性 RIA 和非竞争性 RIA。同位素标记技术应用于微量抗原和抗体检测。此测试方法特异性强，灵敏度高，检出限为可检测 0.001pg/mL，但不稳定，废物处理麻烦。

（4）发光免疫分析。

发光免疫分析用发光物质标记抗体（抗原），再同抗原（抗体）进行反应，通过发光现象显示抗原抗体反应。其检测原理同放射免疫分析和酶免疫分析。它既具有免疫反应的特异性，又有发光反应的高灵敏性，是继传统三大标记技术（放射性核素标记、荧光标记和酶标记）之后又一新的免疫标记技术。此法具有灵敏度高、特异性强、标记物稳定、无放射性危害等优点，而且只需微量标本。发光免疫分析可分为化学发光和生物发光两类。

化学发光是指伴随化学反应过程所产生的光的发射现象。某些物质（发光剂）在化学反应时，吸收了反应过程中所产生的化学能，使反应的产物分子或中间态分子中的电子跃迁到激发态，当电子从激发态回到基态时，以发射光子的形式释放出能量，这一现象称为化学发光。化学发光免疫分析可分为直接化学发光免疫分析、化学发光酶免疫分析和电化学发光免疫分析。图 14-14 为辣根过氧化物酶标记的化学发光免疫分析，该分析系统采用辣根过氧化物酶（HRP）标记抗体，在与反应体系中的待测标本（抗原）和抗体包被固相载体发生免疫反应后，形成标记抗体复合物，即图 14-14 中的双抗体夹心复合物，这时加入鲁

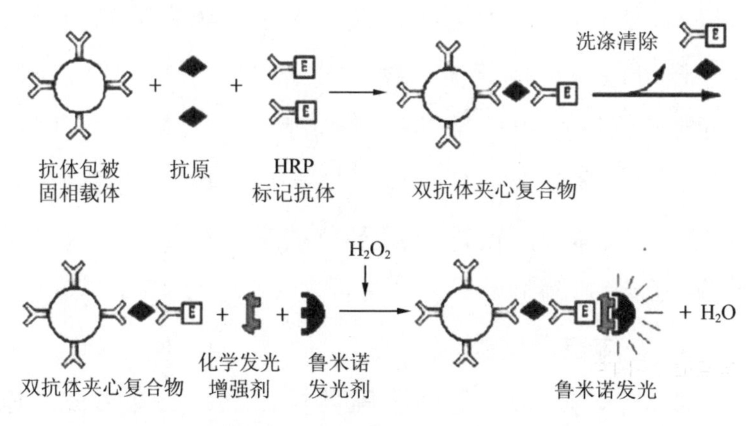

图 14-14　辣根过氧化物酶标记的化学发光免疫分析

米诺发光剂、过氧化氢（H_2O_2）和化学发光增强剂，从而产生化学发光。

生物发光免疫分析用生物发光物（如萤火虫荧光素酶或细菌荧光素酶）或用辅助因子（三磷酸腺苷等）标记抗原，使其直接或间接地参与发光反应。辅助因子标记抗原也称发光辅助因子免疫分析法。生物发光的量子效率（即发射的量子数与起反应的分子数之比）比化学发光要高。

（5）免疫胶体金技术。

免疫胶体金技术是以胶体金作为示踪标志物应用于抗原抗体的一种新型的免疫标记技术。它具有易行、省时、价廉、灵敏度高等优点，广泛应用于免疫组织化学定位，测定细胞表面标志和细胞内成分。

用还原法将四氯金酸（$HAuCl_4$）制成特定大小的金颗粒，该颗粒由于静电作用呈稳定的胶体状态，被称为胶体金。胶体金在弱碱环境下带负电荷，可与蛋白质分子的正电荷基团形成牢固地结合，由于这种结合是静电结合，所以不影响蛋白质的生物特性。除了与蛋白质结合外，胶体金还可以与许多其他生物大分子结合，如 SPA、PHA、ConA 等。根据胶体金的一些物理性状，如高电子密度、颗粒大小、形状及颜色反应，加上结合物的免疫和生物学特性，使胶体金广泛地应用于免疫学、组织学、病理学和细胞生物学等领域。

4. 补体结合试验

当抗体与细菌、红细胞等颗粒抗原结合并形成抗原抗体复合物后，可结合补体引起溶菌、溶血效应。用补体结合试验，既可以测知患者血清中补体的总量，也可以检测未知抗原或抗体的量。测定人血清补体总量的方法是以绵羊红细胞的溶血为指示。当绵羊红细胞与抗绵羊红细胞结合后，加患者血清，观测溶血程度。测定未知抗原/抗体时，采用两套系统：一套是待测的抗原抗体系统，称为检测系统；另一套是包括绵羊红细胞和抗绵羊红细胞抗体的指示系统。待测系统中待测的抗原/抗体是利用指示系统中的溶血情况加以判断。反应的过程是首先加待测的抗原/抗体，反应一段时间后加入补体，再反应一段时间后加入指示系统中。当有待测抗原抗体结合时，必然结合补体，不会出现溶血；当没有待测物质时，则出现溶血。

5. 免疫亲和层析

生物高分子具有能和某种相对应的专一分子可逆结合的特性。例如，酶的活性中心或别构中心能和专一的底物、抑制剂、辅助因子效应剂通过某些次级键相结合，并在一定条件下又可以解离。抗体与抗原、激素及其受体、核糖核酸与其互补的脱氧核糖核酸等体系，都具有类似的特性。这种高分子和配基之间形成专一的可解离的复合物的能力称为亲和力。根据这种具有亲和力的生物分子间可逆的结合和解离的原理发展起来的层析就称为亲和层析。

亲和层析法的基本过程如下：

① 偶联：将欲分离的高分子物质的配基在不影响其生物功能的情况下与水不相溶性的载体结合，制成亲和吸附剂或免疫吸附剂。

② 装柱：在层析柱内装入固相化的配基。

③ 亲和层析：含有高分子物质的混合液在有利于配基和高分子之间形成复合物的条件下进入装有亲和吸附剂的层析柱。高分子物质结合留在柱内，其他杂质流出。

④ 洗脱：改变条件，促使配基和高分子物质分离而释放出需要的物质。

⑤ 再生：将亲和层析柱充分洗涤再生，用于下一周期的纯化工作。

三、纳米材料及技术在免疫检测中的应用

（一）纳米材料在免疫层析试纸条中的应用

1959 年，两位研究者耶洛（Yalow）和伯森（Berson）首次将放射性同位素和免疫反应相结合，发展出放射性免疫检测技术。自此，一系列与免疫相关的检测技术不断出现，如酶联免疫吸附法（ELISA）、荧光免疫检测技术及化学发光检测技术等。这些技术虽然有很多优点，但是其操作都比较复杂，灵敏度也不高，费时费力，这些缺点很大程度上限制了其使用范围。20 世纪 80 年代，人们发现了一种新型的快速检测技术，即免疫层析技术。层析法免疫胶体金检测试剂是免疫金标记技术和抗原抗体反应相结合而形成的一种应用形式，相比 ELISA 试剂，除标记物不同外，同样服从于抗原抗体反应的特性。这种技术快速、简单、分离效率高，并且不需要专业的人员去操作，很好地弥补了上述几种检测技术的缺陷。免疫层析试纸条技术

是在免疫层析技术上发展而来的一种更方便、简洁的检测方法。其中 1990 年贝格斯（Beggs）等利用胶体金免疫技术检测人绒毛膜促性腺激素以来，胶体金也发展成为免疫层析技术中最常用到的标记物，但是这种技术只能进行定性和半定量检测，极大程度地限制了其应用范围。鉴于此，人们发现了一系列标记物，如乳胶颗粒、上转换发光及有机染料等，以达到对检测物的定量检测的目的。其中，传统的有机染料荧光强度不高，并且容易漂白，影响了检测的灵敏度和稳定性。但是，随着量子点的发现，人们逐渐解决了这一难题。

免疫层析技术（Immuno Chromatography Assay，ICA），是在酶联免疫吸附方法（ELISA）基础上发展起来的一种新型免疫标记技术，该技术采用示踪物对抗原或抗体进行标记，利用抗原抗体的特异性结合对其进行定性或定量分析。如图 14-15 所示，免疫层析试纸条由底板、硝酸纤维素膜（NC 膜）、样品垫、结合垫、标记垫和吸水滤纸组成。免疫层析技术原理是以条状纤维层析材料为固相，样品溶液为流动相，标记物与抗原或抗体结合为免疫复合物，样品通过毛细管作用使样品溶液在试纸条上流动，与免疫复合物相结合，到达检测线时与特异性抗原或抗体结合，被富集于检测线，未结合的免疫复合物越过检测线，到达并停留于质控线，从而实现待测物的分离，利用标记物的信号做出相应的判断。免疫层析技术的两种测试方法分别是双抗夹心法和竞争法。

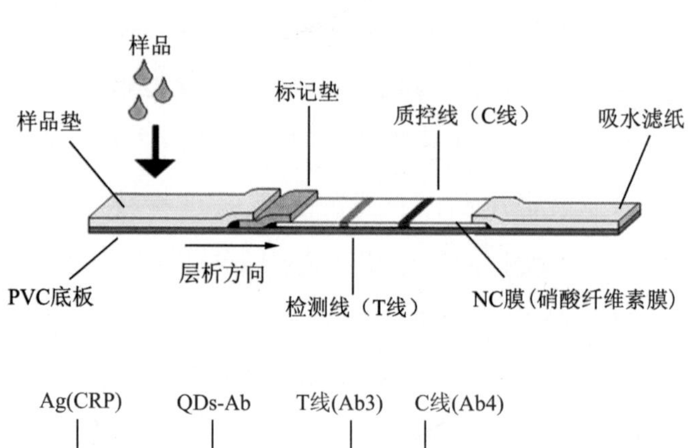

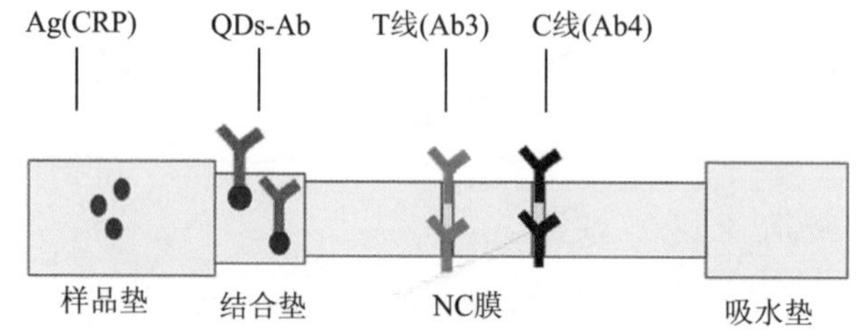

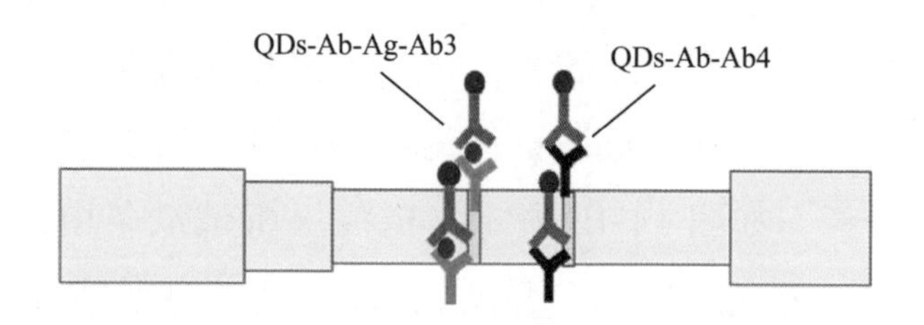

图 14-15　免疫层析试纸条组成及原理示意图

免疫层析技术初期主要采用胶体金做试纸条标志物检测样品，金标抗原抗体复合物大量聚集，可见红色或粉红色斑点，具有简单、快速、稳定等优点，但存在只能用于定性或半定量的检测，靠肉眼判断结果，误判率较高、灵敏度较低，需进一步完善。随着纳米技术的发展，产生了多种标记物，从最初的胶体金，发展到了荧光微球、上转换荧光微球、时间分辨荧光微球和量子点等。荧光微球（Fluorescent Microspheres，FMs）是将荧光染料通过物理和化学等方法吸附或包埋到粒子内而形成的，直径在纳米至微米级范围内，相比胶体金等传统标志物，荧光微球物理化学性质稳定、粒度均一、发光效率高，但微球光漂白性强，激发光单一，成本较高。量子点（Quantum Dots，QDs）是一种半导体纳米微粒，具有独特的荧光特性，是荧光标记技术的研究热点，可用于生物成像、生物标记、生物传感等方面。新型标记物的发现推动了免疫层析技术的发展，从定性检测到定量或半定量检测，提高了灵敏度，从单分析物到多分析物，扩大了应用范围。

目前针对各类疾病的检测，非常需要不降低测定准确性但能在短时间内给出可重复结果的方法。在这种情况下，快速诊断测试（Rapid Diagnostic Tests，RDT），具有即时诊断（Point-of-Care，POC）功能，是临床检测中最需要的一种诊断方法。

例如，感染新冠病毒后，血清特异性抗体逐渐产生，先出现免疫球蛋白 IgM 抗体，然后出现 IgG 抗体。因此，IgM 抗体增高提示近期急性感染，IgG 抗体增高提示既往感染。血清学抗体抗原检测最大的优势在于方便快捷，检测时间较短，能够有效地突破现有检测技术对人员、场所的限制，缩短检测时间。如果疑似病例血清特异性 IgM 和 IgG 抗体阳性，IgG 抗体由阴性转为阳性或恢复期较急性期有 4 倍及以上升高，则可以诊断其感染了新冠病毒。

（二）纳米技术在生物芯片中的应用

生物芯片于 1998 年被美国 *Science* 杂志评为世界十大科技进展之一，是融微电子学、生物学、物理学、化学、计算机科学为一体的高度交叉的新技术。世界著名的商业杂志 *Fortune* 1997 年 3 月撰文对生物芯片技术做了如下阐述，计算机微处理器重塑了我们的经济，为人类带来了巨大的财富，并改变了我们的生活方式。然而，生物芯片给人类带来的影响可能会更大，它可能从根本上改变医学行为和我们的生活质量，从而改变整个世界的面貌。

生物芯片是根据生物分子间特异相互作用的原理，将生化分析过程集成于芯片表面，从而实现对 DNA、RNA、多肽、蛋白质及其他生物成分的高通量快速检测。狭义的生物芯片概念是指通过不同方法将生物分子（寡核苷酸、cDNA、基因组 DNA、多肽、抗体、抗原等）固着于硅片、玻璃片（珠）、塑料片（珠）、凝胶、尼龙膜等固相递质上形成的生物分子点阵。

生物芯片是功能基因组学研究的重要技术。生物芯片主要用于基因 mRNA 表达水平检测和基因测序。利用生物芯片进行表达水平检测，可自动、快速地检测出成千上万个基因的表达情况。利用生物芯片固定探针与样品进行分子杂交产生的杂交图谱，可排列出待测样品的序列（图 14-16）。

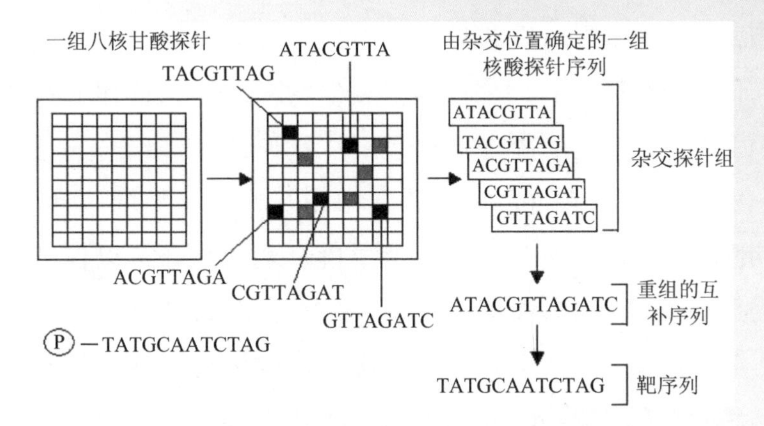

图 14-16　基因测序

根据芯片上固定的探针不同，可将生物芯片分为基因芯片、蛋白质芯片、细胞芯片、组织芯片。下面主要介绍蛋白质芯片中的抗体芯片。

抗体芯片作为蛋白质芯片的主要类型，由于其在微生物感染检测中巨大的潜在应用价值而引起人们广泛的兴趣，是蛋白质芯片研究中进展速度较快的一个分支。将各种蛋白质有序地固定于滴定板、滤膜和载玻片等各种载体上，然后用标记了特定荧光的蛋白质或其他成分与芯片作用，经漂洗将未能与芯片上的蛋白质互补结合的成分洗去，再利用荧光扫描仪或激光共聚焦扫描技术，测定芯片上各点的荧光强度，通过荧光强度分析蛋白质与蛋白质之间相互作用的关系，由此达到测定各种蛋白质的目的。固定在芯片上的蛋白可以是抗原、抗体、小肽、受体和配体、蛋白质-DNA 和蛋白质-RNA 复合物等。

蛋白质是高度复杂的分子，任何导致其构象变化的步骤都将极大地影响其生物学功能。结合蛋白质芯片的作用原理，可知蛋白质芯片制备中最关键的步骤是如何将蛋白质固定到载体上，并且不丧失生物学活性。抗体芯片中蛋白质在芯片上的固定方式是抗体抗原的亲和结合，通过生物素-抗生物素蛋白链菌素镍的相互作用介导的亲和结合。用亲和素包被玻片表达融合蛋白。亲和结合可以保证蛋白质的方向性和牢固性。

抗体芯片的主要检测方法有双抗体夹心法、样品标记法。以美国 Raybiotech 公司的抗体芯片为例：如图 14-17 所示为双抗夹心法原理图，捕获抗体排列于膜或玻片上，首先，加入样品孵育；其次，加入目标蛋白的生物素标记抗体；再次，HRP-链霉亲和素或荧光素-链霉亲和素用于检测芯片信号。如图 14-18 所示，先将样品中的蛋白用生物素标记，然后与捕获抗体一起孵育，对照蛋白加入样品中来监测整个反应过程，包括生物素标记和标准化。结合在芯片上的蛋白利用 HRP-链霉亲和素来检测，最后采用 HiLyte™ Fluor 555-链霉亲和素来检测信号。

由于生物细胞中蛋白质的多样性和功能的复杂性，开发和建立具有多样品并行处理能力、能够进行快速分析的高通量蛋白质芯片技术将有利于简化和加快蛋白质功能研究的进展。抗体芯片具有微型化、集成化、高通量化的特点，可以用于检测某一特定的生理或病理过程相关蛋白的表达丰度，主要用于信号转导、蛋白质组学、肿瘤及其他疾病的相关研究。有些抗体芯片已经在向临床应用发展，比如肿瘤标志物抗体芯片等，还有很多芯片已经被应用于各个研究领域。

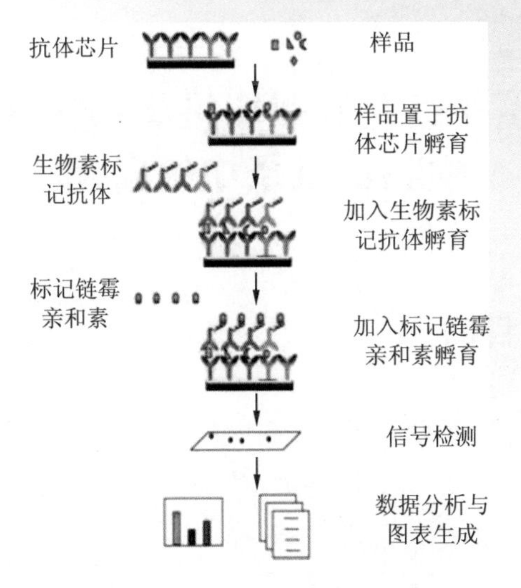

图 14-17　双抗夹心法原理图

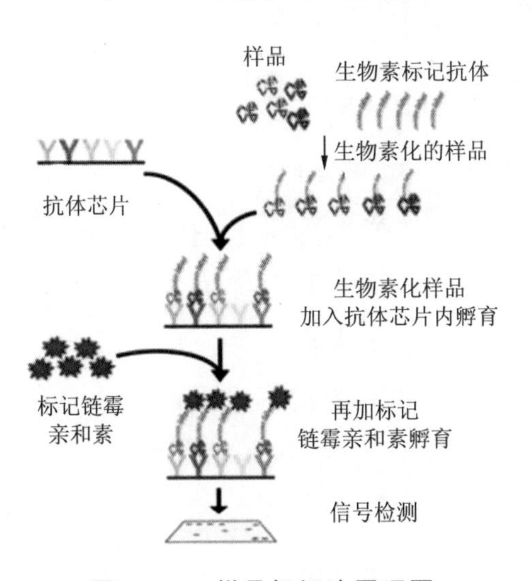

图 14-18　样品标记法原理图

演示实验

量子点在心肌肌钙蛋白定量检测试纸条中的应用

实验目的

（1）了解抗体抗原反应在免疫层析上的机理。

（2）掌握双抗夹心法的原理。

（3）了解量子点与心肌肌钙蛋白抗体的作用原理。

实验原理

免疫层析是在酶联免疫吸附法基础上发展起来的一种免疫标记技术，该技术简单、快速，几分钟就可以获得检测结果。目前，免疫层析技术主要采用胶体金标记试纸条进行样品检测，但是该方法不适合用于定性分析，难以准确地进行定量和多元指标分析。量子点具有荧光发光强度高、荧光寿命长等优点，并且通过选择不同粒径、成分和结构的量子点作为标记物，可以分别标记不同的检测分子。然后通过一个合适时间的延迟，检测其发出的特征波长荧光强度，不但可以消除背景荧光的干扰，而且能够在准确得到样品多元指标的同时实现快速定量检测。

心肌肌钙蛋白（cTn）是现如今心肌组织损伤时可在血液中检测到的特异性最高和灵敏度最好的标志物，是诊断急性心肌梗死（AMI）及对心脏疾病进行危险分层的最好标志物。免疫试纸条的检测属于即时检测，可以在很短的时间内完成对 cTn 的定量检测，满足临床检测 cTn 的要求。

利用 1-（3-二甲氨基丙基）-3-乙基碳二亚胺盐酸盐（EDC·HCl）和（N-羟基硫代琥珀酰亚胺钠盐）NHS 作为激活剂活化量子点表面的羧基，与抗体中游离的氨基共价结合，形成 QDs-Ab 免疫复合物。选用双抗夹心法原理，检测线包被单克隆抗体［鼠抗人 C-反应蛋白单克隆抗体（Anti-cTnI-19C7）］，质控线包被多抗（单抗鼠 IgG），制备试纸条。

实验材料和设备

半微量分析天平、移液器、圆周振荡器、pH 计、超滤管、低温高速离心机、手持式紫外分析仪、微孔板振荡器、超纯水系统、羧基水溶性量子点、四硼酸钠、硼酸、EDC·HCl、NHS、鼠源性抗人心肌肌钙蛋白单克隆抗体（Anti-cTnI-16A11）、甘油、吐温 20、Anti-cTnI-19C7、羊抗鼠 IgG、牛血清白蛋白（BSA）、海藻糖、PEG2000、三（羟基甲基）氨基甲烷、氯化钠、盐酸。

实验步骤

1. 量子点（QDs）的活化

该反应是利用激活剂活化量子点的羧基。于 2 mL 离心管中加入 500 μL 硼酸盐缓冲液（pH 值为 5.5，浓度为 0.01 mol/L），1 μL QDS（8 μM）。现制备 0.01 mol/L 的 EDC·HCl 和 0.01mol/L 的 NHS，取出 EDC·HCl 和

NHS放置至室温，称取 9.6 mg EDC · HCl、10.9 mg NHS，分别溶于 5 mL 硼酸盐溶液（pH 值为 5.5，浓度为 0.01mol/L），振荡器中充分混匀。在量子点溶液中加入 1.6 μL EDC · HCl（相当于 16 nmol），在涡旋仪中充分混匀，5 min 后，加入 8 μL NHS（相当于 0.08 μmol），充分混匀，将离心管放置于超声清洗器中冰浴超声 30 min，其活化反应如图 14-19 所示。

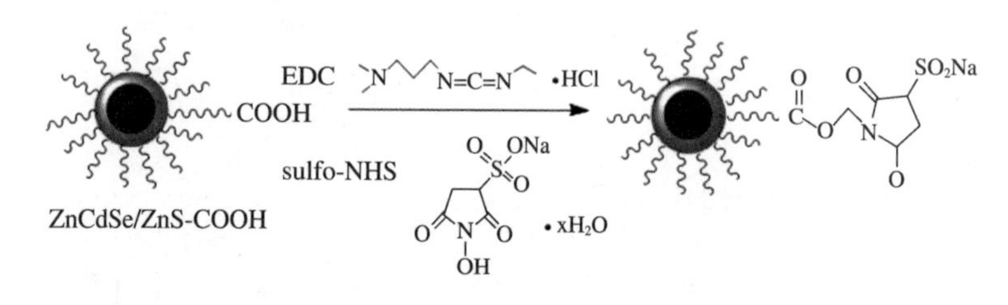

图 14-19　羧基水溶性量子点的活化

2. 更换缓冲体系 pH

将溶液加入 100 kd 的超滤管中，置于低温高速离心机中超滤，设置条件为 4 ℃、3 500 r/min、7 min，过滤去除 pH 值为 5.5 的硼酸缓冲液。取出超滤管，在内管中加入 500 μL（pH 值为 8.5，浓度为 0.01 mol/L）的硼酸盐缓冲液，再次离心，离心条件同上，重复两次。先将量子点溶液移至离心管，再将 pH 值为 8.5，浓度为 0.01 mol/L 的硼酸盐缓冲液定容至 100 μL。

3. 量子点-心肌肌钙蛋白抗体（QDs-Ab）的制备

在活化后的量子点溶液中加入 1.65 μL，6.3 mg/mL Anti-cTnI-16A11，冰浴超声 3 h。量子点与抗体的反应如图 14-20 所示。

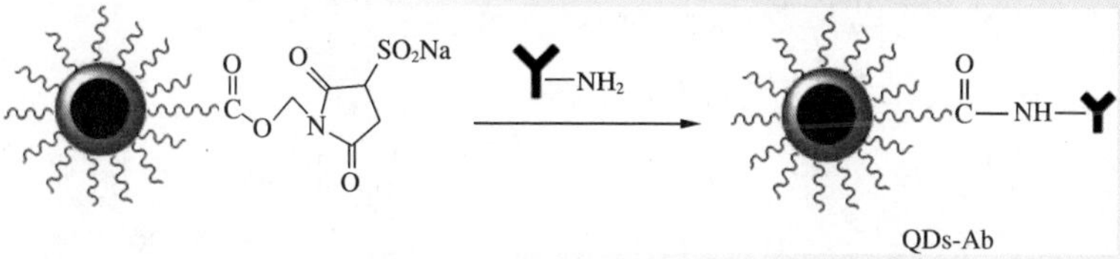

图 14-20　量子点-抗体（QDs-Ab）的偶联反应

4. 样品垫、结合垫和硝基纤维素膜（NC 膜）的处理

样品垫：使用手动裁切刀将玻璃纤维素膜切割成 14 mm。

结合垫：使用手动裁切刀将玻璃纤维素膜切割成 7 mm。

吸水垫：使用手动裁切刀将吸水垫切割成 16 mm。

使用 1% BSA、1% 吐温 20、3% 海藻糖、1% PEG 20000 的 pH 值为 8.5、浓度为 0.01 mol/L 硼酸盐缓冲溶液处理样品垫和结合垫。

使用 1% BSA 的 pH 值为 8.5、浓度为 0.01mol/L 硼酸盐缓冲溶液处理 NC 膜并清洗。

5. 检测线（T 线）与质控线（C 线）的包被

检测线（T 线）的配制：1 mg/mL Anti-cTnI-19C7，稀释液成 pH 值为 6.5、浓度为 0.01 mol/L 的硼酸盐缓冲液。

质控线（C 线）的配制：0.5 mg/mL 羊抗鼠 IgG，稀释液成 pH 值为 5.5、浓度为 0.01 mol/L 的硼酸盐缓冲液。

清洗微流控点样仪管道后，将抗体溶液倒吸入管道中，然后进行划线设置，划线速度为 0.8 μL/cm，分别在一张 NC 膜上前后定量匀速划出 T 线与 C 线。

6. 试纸条的制作和组装

在塑料胶板上粘贴已划线包被的 NC 膜，使其粘贴吸水垫，然后粘贴处理后的结合垫，使结合垫与 NC 膜重叠 1 mm，最后粘贴处理后的样品垫，使样品垫与结合垫重叠 1 mm。

使用切条机，将整条试纸条切割成 4 mm 宽的试纸条。

7. 量子点-抗体（QDs-Ab）荧光探针的包被

用移液枪吸取 7 μL QDs-Ab 滴加在试纸条的结合垫上，放置于 37 ℃的温控摇床中干燥。

8. 心肌肌钙蛋白定量检测

取不同 cTnI 浓度（0 μg/mL、0.004 8 μg/mL、0.024 μg/mL、0.12 μg/mL、0.6 μg/mL、1.5 μg/mL、2 μg/mL、3 μg/mL）的样品上样于免疫层析试纸条后，先在紫外灯下观察试纸条上的 T 线和 C 线，然后在干式免疫荧光分析仪上检测后，得出检测线（T 线）和质控线（C 线）处的比值，计算各 cTnI 抗原浓度下 T/C 的平均值，以 cTnI 抗原浓度为横坐标、T/C 比值为纵坐标，绘制 cTnI 抗原浓度与 T/C 的标准曲线。确定免疫层析试纸条检测 cTnI 的灵敏度与线性范围。

思考题

（1）什么是免疫学？免疫有哪些基本功能？

（2）抗体与免疫球蛋白的概念是什么？

（3）免疫检测技术有哪些？分别有哪些优缺点？

第十五章　纳米药物载体的制备及应用

药物是用以预防、治疗及诊断疾病的物质。在理论上，药物是指能影响机体器官生理功能及细胞代谢活动的化学物质。此处的影响是指正面的影响，而产生负面影响的物质则被称为毒物，因此，药物在一定程度上与毒物没有本质的区别。在特殊情况下，药物也会变成毒物。

影响药物的选择和应用的两个医学名词是药效学和药物动力学。药效学是研究在药物作用下机体生命活动过程的变化规律，即药物对机体的作用。药物动力学是研究机体对进入体内的药物的处置规律，即药物的体内过程。除了探讨药物的作用（减轻疼痛、降低血压、降低血浆胆固醇水平）外，药物动力学还研究药物的给药部位和怎样发挥作用（即作用机制）。虽然药物作用比较容易显现，但其作用部位和机制不可能很快弄清楚。

药物必须到达发病部位才能起作用，这也是药物动力学的重要性所在。药物发挥作用时须在患病部位保持足够的量，但又不能产生严重不良反应，选择正确剂量是一门复杂的平衡艺术。药物载体是指能改变药物进入人体的方式和在体内的分布、控制药物的释放速度并将药物输送到靶向器官的体系。

一、药物的体内代谢概述

许多药物通过血液循环到达作用部位。药物显效时间和效应维持时间一般由该药进入血液的速度、进入量、清除的速度、肝脏代谢的效率及被肾和肠道清除的速度所决定。

药物动力学亦称药动学、药代动力学，系应用动力学原理与数学模式，定量地描述与概括药物通过各种途径（如静脉注射、静脉滴注、口服给药等）进入体内的吸收、分布、代谢和排泄过程的“量-时”变化或“血药浓度-时”变化的动态规律的一门科学。药物动力学研究各种体液、组织和排泄物中药物的代谢产物水平与时间关系的过程，并研究为提出解释这些数据的模型所需要的数学关系式。药物处置过程包含吸收、分布、代谢过程，药物消除过程包含分布、代谢过程。药物的体内过程直接影响药物在其作用部位的浓度和有效浓度维持的时间，从而决定药物作用的发生、发展和消除；药物的体内过程是药物发挥药理作用、产生治疗效果的基础，是临床制订给药方案的依据（图 15-1）。

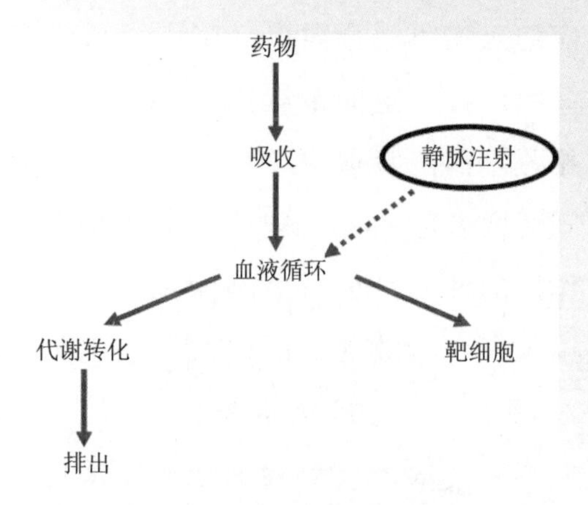

图 15-1　药物的体内过程图

吸收是指药物从用药部位向血液循环中转运的过程。影响吸收的主要因素有药物的理化性质，如极性、解离度、脂溶性；给药途径，如消化道给药（口腔、胃、直肠）、消化道外给药（肌内、皮下、肺等）。其中，给药途径对吸收的影响最为重要，给药途径不同，可直接影响到药物的吸收程度和速度。不同给药途径按吸收速度排序：吸入＞舌下＞直肠＞肌肉注射＞皮下注射＞口服＞皮肤。血管内给药途径（如静脉注射）无吸收过程，血管外给药途径有吸收过程。

口服给药是最常用的给药方式，其主要吸收部位为小肠，吸收方式主要为脂溶扩散。口服给药方式中需要注意的是首关效应的影响。从胃肠道吸收的药物在进入体循环之前先通过门静脉入肝脏，经过肠壁（异丙肾上腺素）和肝脏的药物代谢酶（普萘洛尔）代谢后进入体循环的药量明显减少，这种作用称为首关效应。首关效应可以通过舌下给药、直肠给药、注射给药、吸入给药等措施避免。而有首关效应的药物不适合做缓（控）释制剂。

量效关系，在一定的范围内，药物的效应与靶部位的浓度成正相关，而后者取决于用药剂量或血药浓度，定量地分析与阐明两者间的变化规律称为量效关系。它有助于了解药物作用的性质，也可为临床用药提供参考资料。量效曲线是用来表示量效关系的曲线。它以效应强度为纵坐标，药物剂量或药物浓度为横坐标作图（图 15-2）。最小有效量或最小有效浓度也称阈剂量或阈浓度。药物的常用量比阈剂量大，而比最小中毒量小得多，但不得超过极量。治疗量则是指用药介于阈剂量和极量之间，并能对机体产生明显效应而不引起毒性反应的剂量。

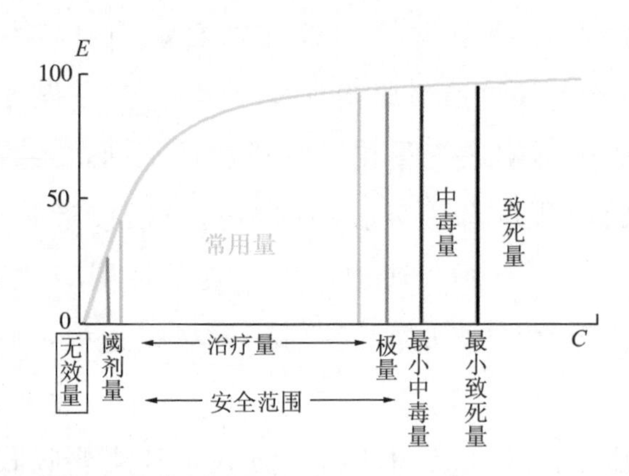

图 15-2　药物作用的量效曲线（*E*：效应强度；*C*：药物浓度）

药物半衰期是指药物在体内的量或血药浓度从最高值下降一半所需要的时间，常以 $t_{1/2}$ 表示，单位为 min 或 h。药物半衰期分为两类：① 生物半衰期（Biologic Half-life）是指药物效应下降一半所用的时间；② 血浆半衰期（Plasma Half-life）是指药物的吸收和消除达到平衡时，血浆中药物浓度下降到一半所用的时间。一般的药物半衰期都是指血浆半衰期。药物半衰期反映了药物在体内消除（排泄、生物转化及储存等）的速度，表示了药物在体内的时间与血药浓度之间的关系，它是决定给药剂量、次数的主要依据，半衰期长的药物说明它在体内消除慢，给药的间隔时间就长；反之亦然。消除快的药物，如给药间隔时间太长，血药浓度太低，达不到治疗效果；消除慢的药物，如用药过于频繁，易在体内蓄积引起中毒。

影响药物半衰期的因素有药物相互作用、酶促和酶抑、尿液 pH 值、年龄、病理状态、饮食、剂量、给药途径等。

1. 年龄不同，生物半衰期也不同

新生儿尤其是早产儿代谢能力非常弱，生物半衰期显著延长。老年人肾功能普遍下降，其半衰期也相应延长。老年人随着年龄的增长，体重一般呈下降趋势，主要是肌肉组织缩减和脂肪组织相应增加，由于肌肉组织的缩减使得亲水性药物吸收减少，而亲脂性药物利多卡因、三环类抗抑郁药、地西泮等可被组织更多地摄取，血浆的分布容积增大，半衰期明显延长。

2. 酶促和酶抑对药物半衰期的影响

有些药物具有酶促作用，能使药物代谢显著增加，缩短了 $t_{1/2}$；酶抑作用则相反，延长了 $t_{1/2}$。

3. 尿液 pH 值变化对药物半衰期的影响

药物在肾小管中的重吸收，随着尿液 pH 值的变化而变化。重吸收增加，就延长了药物的 $t_{1/2}$；重吸收减少，

则缩短了 $t_{1/2}$。临床上常利用这一作用来减弱一些药物的毒副作用。

4. 病理状态对药物半衰期的影响

肾功能减退时，药物半衰期延长，特别是主要依赖肾排泄的药物，影响更甚。肝功能障碍时也会影响一些药物转化而使半衰期延长。如羧苄西林肝功能正常者生物半衰期为（1±0.25）h，肝功能损坏者其半衰期为（1.9±0.6）h。

5. 剂量对药物半衰期的影响

对于水杨酸盐、双香豆素、苯妥英钠、保泰松等药物，由于肝脏代谢它们的能力有限，用量大时就按零级动力学代谢，所以其半衰期可随用量的增加而延长。例如，阿司匹林小于1 g时，$t_{1/2}$为2～3 h；阿司匹林大于1 g时，$t_{1/2}$随之延长，甚至可达15～30 h。此类药物长期大剂量使用易蓄积中毒。

6. 给药途径对药物半衰期的影响

药物半衰期一般口服＞肌注＞静注。例如，利多卡因肌注维持90～120 min；静注仅维持10～20 min；普萘洛尔口服维持3～4.5 h，静注维持2.5 h。

7. 其他因素

例如，孕妇在妊娠期，其胃肠道功能异常等都会影响药物 $t_{1/2}$。在孕妇妊娠时，因通过肾血流量减少，某些药物的半衰期延长。

高蛋白饮食可使茶碱半衰期缩短，高碳水化合物饮食可使其半衰期延长。

不同的服用时间对药物半衰期也有影响。安定 5 mg 早上 7 点服，1 h 达峰值，半衰期为 3 h；晚上 7 点服，4 h 达峰值，半衰期为 30 h。抗组胺药早上 7 点服，作用维持 6～8 h，晚上 7 点服，作用长达 15～17 h；阿司匹林早上 6 点服，消除慢、药效高；而晚上 6～10 点服则排泄快，效果差。

在临床上，为了维持药物疗效，常需要多次给药。利用药物半衰期可以预知药物在体内的变化趋势，计算血药浓度达到稳态的时间和体内药物的残留量。利用药物半衰期，还可以制定合理用药间隔时间，使药物在患者体内维持有效的血药浓度而又不至于中毒。根据血药浓度监测（图 15-3）结果，可给患者一个比较理想的用药方案。

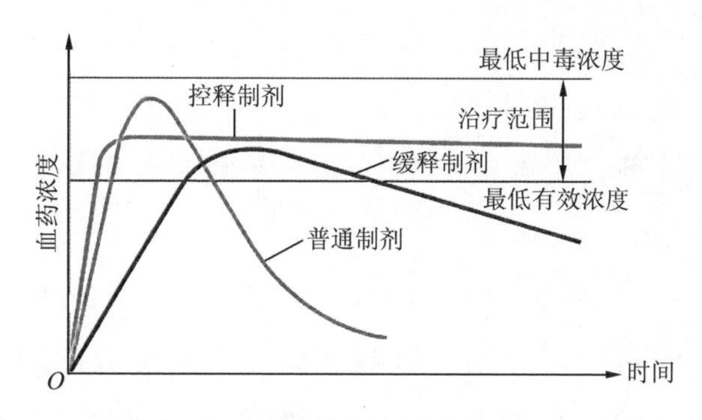

图 15-3　不同剂型的血药浓度曲线

二、缓释和控释

缓释制剂（Sustained-Release Preparation）是指用药后能在较长时间内持续释放药物以达到长效作用的制剂，药物释放主要是一级速度过程。在规定的释放介质中，按要求缓慢地非恒速释放药物，缓释制剂与相应的普通制剂相比，给药频率有所减少，且能显著提高患者的顺应性。

控释制剂（Controlled-Release Preparation）是指在预定的时间内以零级或接近零级速度释放药物的制剂。在规定的释放介质中，按要求缓慢恒速或接近恒速释放药物，与相应的普通制剂相比，给药频率有所减少，控释制剂血药浓度更加平稳，且能显著提高患者的顺应性。

缓释/控释制剂作为一种特殊释药系统，一直在药剂专业范围内被广泛关注。目前其理论与技术发展日臻成熟，有关研究论文和专利技术大量出现，其中发展最快的当属口服缓释、控释制剂。国内自 20 世纪 80 年代初研究这项新技术以来，无论是参与研究单位的数量，还是所研究的药品品种和制剂类型都不断增多和扩大，现已上市的药物品种已有数十种之多，涉及的制剂类型也有较大突破。微球剂、凝胶注射剂、纳米混悬液等制剂目前已进入临床阶段。

缓释/控释制剂有如下特点：① 对于半衰期短或需频繁给药的药物，可减少给药次数，提高患者的顺应性，使用方便。例如，普通制剂服药次数为一天 3 次，缓释/控释制剂的服药次数为一天 2 次或 1 次。② 与普通制剂相比，可使血药浓度平稳，避免峰谷现象，降低药物的毒副作用。③ 可减少用药的总剂量，可用最小剂量达到最大药效。④ 降低胃肠道刺激。⑤ 提高生物利用度。

缓释/控释制剂也有一定的缺陷。在临床应用中对剂量调节的灵活性降低，如果遇到某种特殊情况（如出现较大副反应），往往不能立刻停止治疗。缓释制剂往往是基于健康人群的平均动力学参数而设计，当药物在疾病状态的体内动力学特性有所改变时，不能灵活调节给药方案。缓释/控释制剂所涉及的设备和工艺费用较常规制剂贵。处方成本较高，制造过程复杂，大规模生产易出现质量问题（特别是膜控型）。另外，缓释/控释制剂并不是所有药物都适合，如剂量很大（大于 1 g）、半衰期很短（小于 1 h）、半衰期很长（大于 24 h）、不能在小肠下端有效吸收的药物，一般情况下，不适合制成口服缓释制剂。

缓释/控释制剂有如下几种：

（1）骨架型（基质型）缓释/控释制剂，药物以分子或微晶、微粒的形式均匀分散在各种载体材料中，如亲水凝胶骨架片、蜡质骨架片、不溶性骨架片、骨架型小丸等。

（2）膜控型（包衣型）缓释/控释制剂，药物被包裹在高分子聚合物膜内，如微孔包衣片、肠溶膜控释片、膜控小片、膜控小丸等。

（3）其他如渗透泵控释制剂、植入型缓释/控释制剂等。

三、靶向给药系统

（一）靶向制剂

靶向是指对特定目标（分子、细胞、个体等）采取的行动。例如，外源基因在宿主细胞基因组 DNA 预期位置上的定向插入，药物分子对效应靶组织或细胞的定向传送或作用。靶向给药系统（Targeting Drug Deliver System，TDDS）是指借助载体、配体或抗体将药物通过局部给药胃肠道或全身血液循环而选择性地浓集定位于靶组织、靶器官、靶细胞或细胞内结构的给药系统。理想的靶向制剂应具备定位浓集、控制释药、无毒可生物降解三大要素。

近年来，靶向制剂已成为医药领域的研究热点，已有产品应用于临床研究，国外已有数家专门从事 TDDS 研究的公司，我国已首创了中药脂质体。

最初，靶向制剂的含义是指狭义的抗癌制剂。但是随着对于靶向制剂研究的不断深入及研究领域的逐渐拓宽，给药方式、靶向的动力源和靶向制剂的载体方式等方面都取得了突破性进展。目前，广义的靶向制剂是包括所有具有靶向性的药物制剂。

靶向给药系统根据载体的形态和类型可分为微球、纳米粒、脂质体、乳剂、单克隆抗体偶联物等；根据靶向源动力的不同可分为主动靶向制剂、被动靶向制剂、牵制靶向制剂、前体靶向药物；根据靶向性机理可分为生物物理靶向制剂、生物化学靶向制剂、生物免疫靶向制剂和双重/多重靶向制剂等；根据给药途径可分为口服给药、静脉给药、鼻腔给药、结肠给药、眼部给药等；根据靶向部位可分为肝靶向、肺靶向、骨髓靶向、肿瘤组织靶向等。

（二）靶向性评价指标

对靶向性进行评价，有 3 个衡量参数：

（1）相对摄取率 r_e。与普通制剂比较，某器官或组织对靶向药物的选择性。其表达式如下：

$$r_e = (AUC_i)_p / (AUC_i)_S$$

式中，AUC_i 为第 i 个器官或组织的药时曲线下面积，$(AUC_i)_p$为药物靶向制剂曲线下面积，$(AUC_i)_S$为药物普通制剂曲线下面积。

r_e大于1，表示药物制剂在该器官或组织中具有靶向性，r_e越大，靶向效果越好；r_e小于或等于1，表示药物制剂无靶向性。

（2）靶向效率 t_e：与非靶器官比较，表示药物制剂对靶器官的选择性。其表达式如下：

$$t_e = (AUC)_{靶} / (AUC)_{非靶}$$

式中，$(AUC)_{靶}$ 为靶器官/组织的药时曲线下面积，$(AUC)_{非靶}$为非靶器官/组织的药时曲线下面积。

t_e大于1，表示药物制剂对靶器官比非靶器官更具有选择性；t_e值越大，选择性越强。

（3）峰浓度比 C_e。其表达式如下：

$$C_e = (C_{max})_p / (C_{max})_S$$

式中，$(C_{max})_p$ 为靶向制剂的峰浓度，$(C_{max})_S$ 为普通药物的峰浓度。

C_e值表明药物制剂改变药物分布的效果，C_e值越大，表明改变药物分布的效果越明显。

（三）靶向机理

1. 被动靶向（Passive Targeting Preparation）

被动靶向，即自然靶向，药物被载体通过正常生理过程运送至肝、脾、肺等器官。一般的微粒给药系统具有被动靶向性能，其靶向机制为体内网状内皮系统（Reticulo Endothelial System，RES）中吞噬细胞将一定大小的微粒作为异物而摄取，较大的微粒由于不能滤过毛细血管床，而被机械截留于某些部位。根据微粒大小自然分布于体内，粒径大于 7 μm 的微粒被肺毛细血管机械截留，粒径小于 7 μm 的微粒被肝脾中单核巨噬细胞摄取，粒径处于 100～200 nm 的微粒被网状内皮系统巨噬细胞摄取到达肝巨噬细胞溶酶体中；50～100 nm 微粒进入肝实质细胞中；粒径小于 50 nm 透过肝脏内皮细胞或通过淋巴传递到脾和骨髓中。

网状内皮系统中单核-巨噬细胞对微粒的吞噬作用取决于血核浆中的某些特定蛋白——调理素和巨噬细胞上的有关受体。其中，调理素包括免疫球蛋白亚类（人体中的 IgG1 和 IgG3）、补体系统的一些组成（C3b、iC3b、C1q）和纤维结合素等，其附着于疏水性纳米粒表面作为配体与巨噬细胞膜表面的受体相互作用，在吞噬细胞底物和吞噬细胞间形成桥梁。微粒通过吸附调理素，黏附在巨噬细胞的表面，然后通过内在的生化作用（内吞、融合）被巨噬细胞摄取。

靶向性影响因素有微粒粒径、微粒表面电荷状况、亲水性等性质。微粒的粒径及其表面性质决定吸附哪种调理素及其吸附程度，同时决定了吞噬的途径和机制。例如，用戊二醛处理过的红细胞容易受 IgG 的调理，从而通过 Fc 受体被迅速吞噬；用 N-乙基顺丁烯二酰亚胺处理过的红细胞则易受 Cb3 因子调理，以最少的膜受体接触被吞噬。亲水表面的微粒不易受调理，也就较少被吞噬，而易浓集于其他部位；疏水性表面的微粒则易被巨噬细胞吞噬而靶向于肝部；带负电荷微粒其 zeta 电位绝对值越大，易为肝网状内皮系统滞留而积聚于肝；带正电荷微粒则易被肺部的毛细血管截留而靶向于肺部。

2. 主动靶向（Active Targeting Preparation）

主动靶向通过改变微粒在体内的自然分布而到达特定靶部位，即避免巨噬细胞摄取，防止在肝内浓集。主动靶向的主要方法有载体修饰（PEG 覆被、抗体/受体介导）、制成前体药物（特定靶区激活）、制成药物大分子复合物。

在普通纳米粒表面通过物理吸附或共价结合一层或多层具有隐形作用的亲水性聚合物，可避开巨噬细胞吞噬，延长在血液中的循环时间，靶向其他组织器官。例如，微粒表面用泊洛沙姆修饰，炎症部位药物浓度可显著提高。隐形是指在普通纳米粒表面通过物理吸附或共价结合亲水性聚合物，形成一层或多层保护性的亲水衣膜，可避开巨噬细胞吞噬，制成隐形纳米粒，纳米粒在进入体循环后，可以避开肝脏等 RES 系统的摄取，而转运到体循环中长时间存在或转运至其他组织或器官。影响隐形的因素有高分子链的链长与密度。由于血浆蛋白的吸附不可能完全被排除，因此高分子链的链长和链密度并非越大越好，达到一定程度后排除血浆蛋白的能力就不再明显。具隐形作用的聚合物最重要的性质是亲水性和柔韧性，亲水性强，氢键结合大量水分子；有柔韧性，高分子链可以自由摆动，形成类似于电子云的“保护云”。保护云的密度越大，立体保护作用越强，就越能更好地阻止调理素对纳米粒表面的调理作用。同时满足亲水性、柔韧性要求的聚合物有聚乙二醇（PEG）、聚氧乙烯-聚氧丙烯嵌段共聚物、聚氧乙烯-聚氧丙烯共聚物、聚山梨酯 80 等，其中 PEG 免疫原性和抗原性极低，且通过食品和药物管理局（FDA）认可作为人体内使用的聚合物，被广泛研究和使用。

受体介导靶向是指某些细胞表面有特异受体，可将对受体有强亲和力的特异性配体（多糖、外源凝集素、半抗原和抗体等）与微粒表面结合，使微粒导向特定细胞，从而改变微粒的分布。许多细胞（包括巨噬细胞）表面的膜多糖或糖蛋白，在细胞的相互作用中起重要作用。应用糖衍生物修饰载体，可靶向白细胞、肺泡囊、肝细胞等靶部位，如半乳糖残基修饰载体可被肝实质细胞摄取；甘露糖残基修饰载体可被 K 细胞所摄取；含胆固醇氨基甘露糖衍生物能在肺中明显蓄积；多糖覆被载体可以增加血液中稳定性，避免吞噬。去唾液酸糖蛋白受体是一种跨膜糖蛋白，它存在于哺乳动物的肝实质细胞上。其主要功能是去除唾液酸糖蛋白和凋亡细胞、清除脂蛋白。研究发现，该受体能特异性地识别 N-乙酰氨基半乳糖、半乳糖和乳糖，可将一些外源功能性物质经过半乳糖等修饰后，定向地转入肝细胞中发挥作用。半乳糖苷修饰的十六酸拉米夫定酯固体脂质纳米粒的肝靶向效率比未修饰的高 3.7 倍。

低密度脂蛋白是存在于哺乳动物血浆中的脂蛋白。该蛋白受体活性及数量在一些癌细胞中高出正常细胞 20 倍以上，可作为一种特异性受体载体及抗癌药物靶向新载体，将药物释放到靶细胞。同时，该蛋白是内源性脂蛋白，可避免在体循环中被迅速清除，可克服一般载体靶向性差、不良反应大的缺点，为靶向载体研究提供一种新的探索思路。

抗体介导是利用抗体与抗原的特异性结合将药物导向特定的组织或器官。结合单克隆抗体（MCAB）后，可使微粒对细胞表面的抗原决定簇有靶向作用。例如，先用抗T淋巴细胞的MCAB共价结合到聚甲基丙烯酸酯纳米球上，再与血单核细胞温育，发现结合了MCAB的纳米球可与T淋巴细胞结合，而未结合MCAB的纳米球则不可与T淋巴细胞结合。甲氨蝶呤白蛋白微球偶联抗淋巴母细胞白血病MCAB后，在体外能与白血病细胞选择性结合并抑制其生长。

将活性药物衍生成药理惰性物质，即前体药物，在靶部位经降解成活性母体药物后发挥作用，从而达到靶向给药的目的。前体药物再生成母体药物的基本条件是靶部位有足够量的酶，能产生足够量活性物质；前体药物能与药物受体充分接近；产生的活性药物能在靶部位滞留。因癌细胞比正常细胞含较高浓度的磷酸酯酶和酰胺酶，可将药物制成磷酸酯或酰胺类前体药物作为抗癌药前体药物。脑部靶向前体药物L-多巴进入脑部纹状体再生后起治疗作用，但进入外周的前体药物再生后则引起不良反应，可应用抑制剂（如卡比多巴）抑制其外周组织中的再生。

将药物与聚合物、抗体、配体以共价键形成药物大分子，借助 EPR 效应聚集于肿瘤细胞中，在局部低 pH 值环境或酶作用下，聚合物降解，药物释放发挥作用，从而达到靶向给药的目的。EPR 效应，也称增强渗透滞留效应，是指一些特定大小的大分子物质（如脂质体、纳米颗粒及一些大分子药物）更容易渗透进入肿瘤组织并长期滞留（和正常组织相比）的现象。由于肿瘤血管生长迅速，外膜细胞缺乏，基底膜变形，淋巴管道回流系统缺损等导致对大分子物质渗透性增加并滞留蓄积于肿瘤部位，所以药物大分子主要用于肿瘤靶向治疗。

3. 牵制靶向（Diversional Targeting）

牵制靶向是指通过削弱多数单核吞噬细胞的作用而达到靶向作用。为防止微粒被巨噬细胞（尤其是库普弗细胞）吞噬，在注射微粒之前，先用巨噬细胞抑制剂使脂质体在肝的摄取量降低 23%～70%，提高骨、脾、肺的摄取量。在注射大脂质体以前，先注射乳胶粒，结果不影响肝的摄取，但是脾的吸收降低 45%，且肺有较高的摄取量；如要使小微粒集中于肺，可用大剂量的空白小微粒（或用非离子型表面活性剂包裹），阻止网状内皮系统的摄取。

4. 物理化学靶向（Physical and Chemical Targeting）

应用一些特殊的物理化学方法如温度、pH 值或磁场等外力作用将微粒导向特定部位，也可实现靶向给药。

以磁性微球（囊）、磁性纳米粒、磁性脂质体和磁性乳剂等为载体，结合直径为 10～20 nm 的超微粒磁性物，可在外磁场作用下导向靶部位。例如，丝裂霉素 C 磁性微囊对荷有膀胱癌的兔，在外加磁场 3 500 GS 的作用下，可使膀胱癌细胞凋亡。

热敏靶向制剂在相变温度时，脂质体中的磷脂从胶态过渡到液晶物理转移，增加脂质膜通透性，导致释药增加，磷脂不同，其相变温度不同，可按比例混合获得所需相变温度（41 ℃～54 ℃）；受热时，可将药物释放到靶细胞。例如，将顺铂热敏脂质体注入荷瘤小鼠，升温时发现脂质体选择性集中于肿瘤细胞。

pH 值敏感靶向制剂利用肿瘤间质液 pH 值比周围正常组织显著低的特点设计；采用 pH 值敏感类脂为类脂质膜，在低 pH 值环境中结构改变导致加速释药。例如，N-十六酰-L-高半胱氨酸（PHC）pH 值不同，该类脂存在两种平衡构型。pH 值降低时，形成闭合的环式，破坏了脂质双分子层的稳定性，膜通透性增加，药物释放 pH 值敏感靶向制剂。

四、纳米药物载体

纳米药物载体是指溶解或分散有药物的各种纳米粒。纳米药物则是指直接将原料药物加工成纳米粒。纳米药物载体主要是利用纳米载体的理化特性和选择性分布的特点，解决药物在输送过程中存在的溶解度低、稳定性差和吸收受限等问题，增加药物的溶出速率和吸收速率，提高药物的稳定性和生物利用度，将药物特异性导入靶器官、组织和细胞，降低药物毒副作用，提高疗效。纳米囊和纳米球、脂质体、固体脂质体、聚合物胶束、树状聚合物、病毒等都可作为纳米药物载体。

纳米药物载体材料粒径小于 50 nm 的微粒可以自由通过毛细血管末梢进入骨髓或者传递到脾脏。粒径小于 10 nm的微粒主要集中在骨髓。粒径在 50～100 nm 的微粒能够进入肝实质细胞。粒径在 100～200 nm 的微粒能够被巨噬细胞从血液中清除，最终到达库普弗细胞的溶酶体中。粒径大于 200 nm 的微粒在脾脏中的积蓄量显著增加。

纳米药物载体在进入人体之后，纳米材料的疏水性会强烈影响其与血液中的调理素的相互作用，从而被巨噬细胞大量清除。为延长其在体内循环的时间，通过将纳米材料用亲水聚合物或者表面活性剂包裹，可以抑制其被调理素化。

纳米药物载药量取决于药物在聚合物中的溶解性。药物释放取决于药物的水溶性、吸附药物的解吸附能力、药物在纳米粒子基质中的扩散情况、纳米粒子基质的溶蚀或降解、溶蚀和扩散双过程。

纳米药物载体可以进入毛细血管，在血液循环系统中自由流动，还可以穿过细胞，被组织与细胞以胞饮的方式吸收，提高生物利用率。比表面积高、水溶性差的药物在纳米载体中的溶解度相对增强，这就解决了无法通过常规方法制剂的难题。纳米载体经特殊加工后可制成靶向定位系统，如磁性载药纳米微粒，可降低药物剂量，减轻副作用。延长药物在体内的半衰期，由控制聚合物在体内的降解速度，能使半衰期短的药物维持一定水平，可改善疗效及降低副作用，减少患者服药次数。可消除特殊生物屏障对药物作用的限制，如血脑屏障、血眼屏障及细胞生物膜屏障等，纳米载体微粒可穿过这些屏障部位进行治疗。

(一) 纳米粒载体

纳米粒是一类以天然或合成高分子材料为载体的固态载药胶体微粒，一般粒径为 10～1 000 nm。纳米球和纳米囊均属于纳米粒。纳米囊属药库膜壳型，由聚合材料外壳和液状核构成，药物主要溶解在液状核中，这种纳米囊主要适用于包裹脂溶性药物。纳米球属基质骨架型，药物吸附在其表面或包裹、溶解在其内部。纳米囊和纳米球均可分散在水中，形成近似胶体溶液。聚合物纳米囊和纳米球的主要材料是聚乳酸、壳聚糖、明胶、卡波姆、丙烯酸树脂，应用于静脉、肌肉、皮下、局部注射及口服、黏膜等多种给药途径。药物在纳米粒上的负载情况如图 15-4 所示。

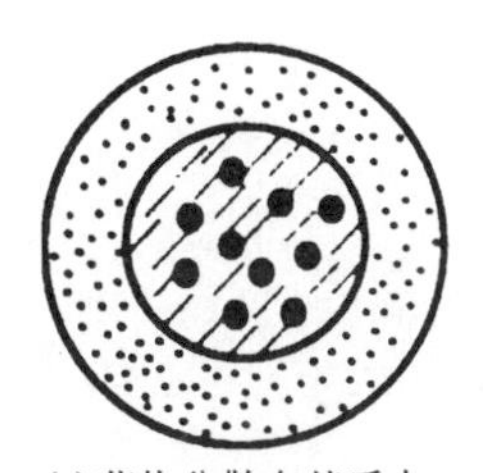
(a) 药物分散在基质中

(b) 药物包封在基质中

(c) 药物吸附在基质表面

图 15-4　药物在纳米粒上的负载情况

一般纳米粒的制备方法有乳化聚合法、凝聚法、液中干燥法。因为不使用有机溶剂，乳化聚合法仍然是目前制备纳米粒的最主要方法之一。乳化聚合法是先将含有药物和天然高分子材料（如明胶、白蛋白等）的水相与含有乳化剂的油相乳化成 W/O 型（O/W 型）乳状液，然后加入甲醛等化学交联剂，使高分子材料发生胺-醛缩合（或醇-醛缩合）反应，缓缓调节 pH 值，自动地聚合反应，即可得到粉末状的微球或者纳米粒（亦可加热使白蛋白变性而发生交联固化）。由化学交联法、加热变性法、盐析脱水法将天然高分子材料凝聚成纳米粒，称为凝聚法。液中干燥法是将药物与聚酯材料（或其他高分子）组成的有机相与含乳化剂的水相进行乳化，制成 O/W 型乳状液，然后加水萃取（亦可同时加热挥发）除去有机相，即得微球。

除上述几种方法之外，还可以通过纳米粒的表面改性来获得载药纳米粒。纳米粒表面修饰 PEO、泊洛沙姆、亲水性 PEG 和调理素可起到隐形作用。图 15-5 为使用泊洛沙姆修饰纳米粒示意图。

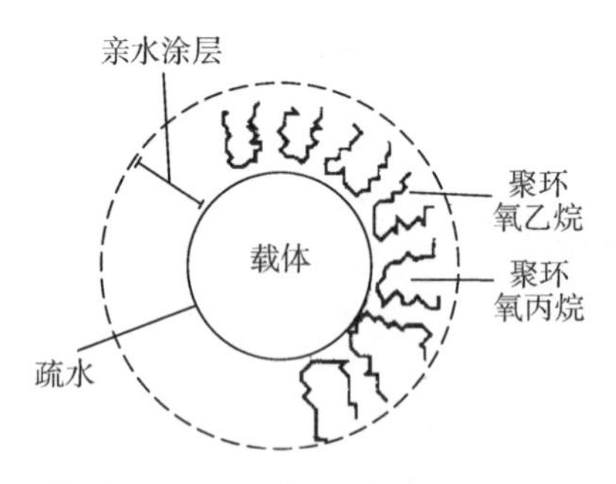

图 15-5　使用泊洛沙姆修饰纳米粒

纳米粒尺寸小，比表面积大（表 15-1），作为药物载体，可以提高药物溶解度和溶出速度，可以作为生物大分子的特殊载体，还可以通过黏膜黏附作用改善吸收，通过M细胞吞噬作用实现靶向和定位给药。纳米粒给药系统已成功应用于以下几方面：① 癌症治疗。静脉给药纳米粒可在肿瘤内输送，从而提高疗效，减少给药剂量和毒性反应。② 胞内感染。抗生素-纳米粒通过内吞/融合途径将药物带入细胞，提高抗生素、抗真菌、抗病毒药治疗细胞内致病原、感染疗效。③ 应用于口服多肽、蛋白制剂，可防止药物在消化道失活，提高生物利用度。④ 眼或鼻用黏膜给药，如普通滴眼剂消除半衰期仅1～3 min，而纳米粒因黏附于结膜/角膜，可延长药物作用时间。纳米粒表面包封亲水性表面活性剂，或连接聚乙二醇及其衍生物，减少与网状内皮细胞膜的亲和性，避免吞噬，提高对脑组织的靶向性。

表15-1　不同粒径纳米颗粒的表面性能参数

粒径/nm	表面能/ ($J \cdot mol^{-1}$)	表面能与总能量的比值/%	比表面积/ ($m^2 \cdot g^{-1}$)
2	2.04×10^5	35.3	452
5	8.16×10^4	14.1	181
10	4.08×10^4	7.6	90
100	4.08×10^3	0.8	9

（二）纳米脂质体载体

1965年，英国学者班加姆（Bangham）将磷脂分散在水中进行电镜观察时，发现了脂质体。脂质体是指将药物包封于类脂质双分子层内而形成的微型囊泡（图

15-6）。20 世纪 70 年代初期，格雷戈里（Gregoriadis）首先提出用脂质体作为β-半乳糖苷酶载体治疗糖原积累疾病。

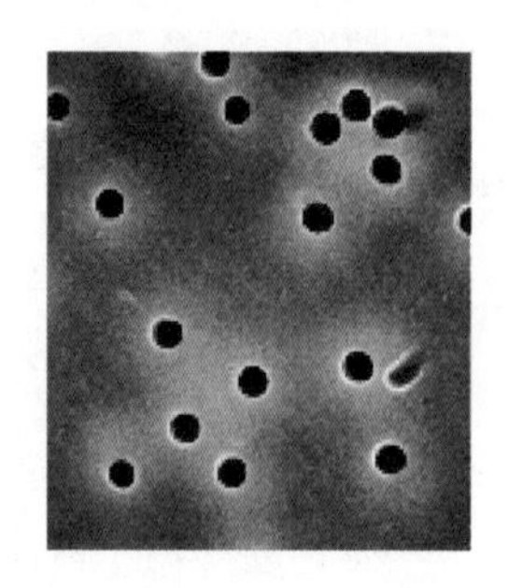

图 15-6　脂质体示意图

脂质体是由类脂质（磷脂）及附加剂组成。磷脂类包括天然磷脂和合成磷脂两类。磷脂为两性分子，一端为亲水的含氮或磷的头，另一端为疏水（亲油）的长烃基链（图 15-7）。天然磷脂以卵磷脂（磷脂酰胆碱，PC）为主，来源于蛋黄和大豆，显中性。合成磷脂主要有二棕榈酰磷脂酰胆碱（DPPC）、二棕榈酰磷脂酰乙醇胺（DPPE）、二硬脂酰磷脂酰胆碱（DSPC）等，其均属氢化磷脂类，具有性质稳定、抗氧化性强、成品稳定等特点，是国外首选的辅料。胆固醇与磷脂是共同构成细胞膜和脂质体的基础物质。胆固醇具有调节膜流动性的作用，与磷脂相结合，可阻止磷脂凝集成晶体结构，减弱膜中类脂与蛋白质复合体之间的连接，故可称为脂质体"流动性缓冲剂"。图 15-8 为胆固醇在细胞膜的磷脂双层间作用示意图。

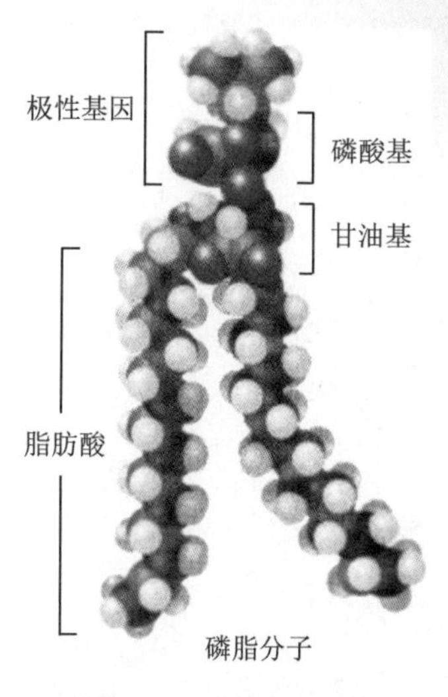

图 15-7　磷脂示意图

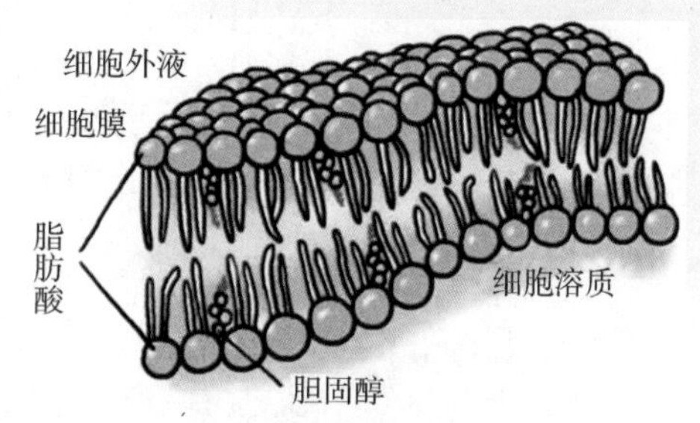

图 15-8　胆固醇在细胞膜的磷脂双层间作用示意图

图 15-9 为脂质体的制备方法。其中，薄膜分散法是制备脂质体最经典的方法，该方法是将磷脂材料溶解在有机溶剂中，经过旋转蒸发除去有机溶剂而形成磷脂膜，最后经水化、振荡得到较大粒径的脂质体，然后经过各种机械方法分散即可得到多层脂质体。逆相蒸发法是将膜材溶于有机溶剂并加入待包封药物的水溶液，短时超声得到 W/O 型乳剂，减压蒸发有机溶剂，接着滴加缓冲液，旋转脱落凝胶液，继续减压蒸发，充氮气至气味消失，得到水性混悬液后超速离心或使用凝胶色谱法除去未包入的药物，最终得到大单层脂质体。冷冻干燥法是将磷脂高度分散在缓冲盐溶液中，超声波处理，冷冻干燥，将所得干燥物分散到含药物的水性介质中，即制得脂质体。溶剂注入法分为乙醇注入法和乙醚注入法，将脂质乙醇液/乙醚液注入缓

冲液中，通过一定的方法除去乙醇和乙醚，即可得到脂质体。此外，还有 pH 梯度法和前体脂质体法。

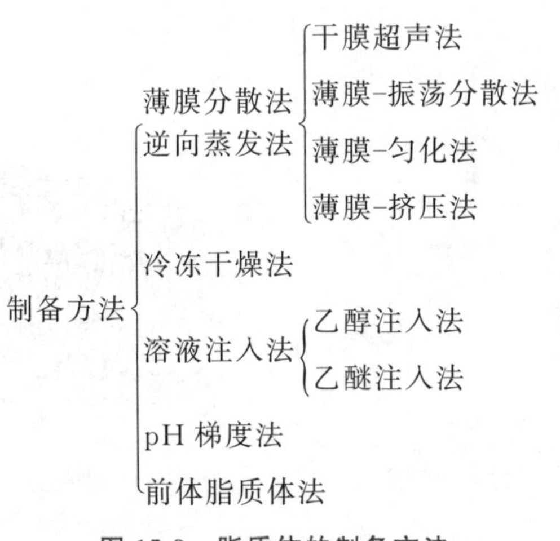

图 15-9　脂质体的制备方法

脂质体的质量研究包括：① 脂质体的粒径和分布。脂质体的粒径大小和分布均匀程度直接影响脂质体在机体组织的行为和处置。② 脂质体的包封率。其是指包入脂质体内的药物量与投料量的重量百分比。③ 脂质体的包封容积。其包封容积为每摩尔脂质形成脂质体后所包裹溶液的体积。用脂质体包封水溶性的荧光标记物，直接测定水相的体积。④ 脂质体的药脂包封比率。其是指一定重量的脂质所包封药物的重量百分比。⑤ 脂质体的渗漏率。其表示脂质体在贮存期间包封率的变化情况，是脂质体不稳定性的重要指标。⑥ 磷脂氧化指数。磷脂氧化指数等于 A_{233nm} 与 A_{215nm} 的比值，一般规定磷脂氧化指数应小于 0.2。

脂质体的作用机理包括吸附、脂质交换、融合、内吞/吞噬、磷酸酯酶消化等。

1. 吸附

吸附是脂质体作用的开始。脂质体通过静电疏水的作用，非特异性吸附到细胞表面；通过脂质体特异性配体与细胞表面结合，特异吸附到细胞表面；吸附在细胞表面的脂质体仅在蛋白溶解酶作用下才能与细胞脱离。吸附使细胞周围药物浓度增高，药物可慢慢地渗入细胞内。

2. 脂质交换

脂质体的脂质成分与细胞膜的脂质成分进行交换，而不释放水相内容物进入细胞。脂质交换过程为首先脂质体吸附在细胞上，其次在细胞表面特异交换蛋白介导下，特异性交换脂质的极性头部集团或非特异性地交换酰基链。

3. 融合

融合是指脂质体的膜插入细胞膜的脂质层中而释放出水相内容物到细胞内。

4. 内吞/吞噬

内吞/吞噬是脂质体作用的主要机制。具有吞噬活动的细胞摄取脂质体进入吞噬体，质膜内陷形成亚细胞空泡，吞噬体与溶酶体融合，形成次级溶酶体（发生细胞消化），溶酶体溶解脂质体，从而释放药物。

5. 磷酸酯酶消化

脂质体的磷脂膜可被磷酸酯酶消化。肿瘤组织中磷酸酯酶水平明显高于正常组织，所以脂质体在肿瘤组织中更容易释放药物。

脂质体具有细胞亲和性、组织相容性、缓释性、降低药物毒性、提高药物稳定性、靶向性等特点。脂质体作为靶向药物载体，其制备简单，细胞毒性很低，无免疫原性，无致热原性，能正常代谢和消除；其大小、成分、表面电荷等有很大的选择空间；能包囊亲水性和亲脂性的很多药物，包括酶、激素、维生素、抗生素和细胞因子等；不同于固体的聚合物载体系统（如微粒、纳米粒），脂质体双层脂膜是动态的结构，允许表面结合的靶向分子有更大的自由度，因此靶向分子能以最优构型与靶部受体结合；在载药脂质体表面结合不同的配基，如抗体、糖脂等可将药物递送到特定靶组织和靶细胞；另外，脂质体为所包囊药物的靶向性提供了新的可能性，包括细胞外释放、细胞膜融合和内吞，药物的靶向范围将更广泛。

（三）固体脂质体

固体脂质体纳米粒（Solid Lipid Nanospheres，SLN）是指以生物相容的高熔点脂质为骨架材料制成的纳米球。图 15-10 为喜树碱固体脂质纳米粒的电镜图。常用的高熔

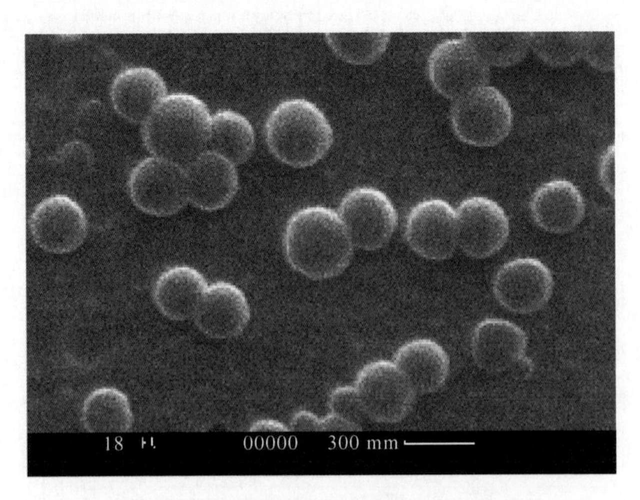

图 15-10　喜树碱固体脂质纳米粒电镜图

点脂质有饱和脂肪酸甘油酯、硬脂酸、混合脂质等。该纳米粒既具有聚合物纳米球的物理稳定性高、药物泄漏少、缓释性好的特点，又兼有脂质体毒性低、易大规模生产的优点。

固体脂质体制备方法主要有熔融-匀化法、冷却-匀化法、纳米乳法。

1. 熔融-匀化法

此法是将熔融的高熔点脂质、磷脂和表面活性剂在70 ℃以上高压匀化，冷却后即得粒径小（约300 nm）、分布窄的纳米球。本法常有药物析出。

2. 冷却-匀化法

此法是先将药物与高熔点脂质混合熔融并冷却后，再与液氮或干冰一起研磨，然后和表面活性剂溶液在低于脂质熔点5 ℃～10 ℃的温度进行多次高压匀化。本法适用于对热不稳定的药物，但得到的SLN粒径较大。

3. 纳米乳法

此法先在熔融的高熔点脂质中加入磷脂、助乳化剂与水制成纳米乳或亚纳米乳，再倒入冰水中冷却即得纳米粒。本法的关键是选用恰当的助乳化剂。助乳化剂应为药用短链醇或非离子型表面活性剂，其分子长度通常约为乳化剂分子长度的一半。

（四）聚合物胶束

胶束（亦称胶团）是胶体分散系中的一种，属于缔合胶体。胶束在药学中长期用于难溶性药物的增溶，聚合物胶束不仅可用于增溶，而且可作为药物载体。例如，两性霉素B难溶于水，用PEG-聚（β-苯甲酰-天冬氨酸酯）制成聚合物胶束，溶解度可提高到5 g/L，是原来溶解度的1万倍。近年来，聚合物胶束用作载体成为给药系统研究的热点，可以用于提高药物稳定性，还可以延缓释放、提高药效、降低毒性和具有靶向性。

聚合物胶束同时具有亲水性和疏水性基团两亲性嵌段共聚物或接枝共聚物，在水中能自发形成核-壳结构的球形胶束，完成对药物的增溶和包裹，具有亲水性外壳及疏水性内核，适用于携带不同性质的药物。亲水性的外壳具备“隐形”特点。

载药胶束具有优良的组织透过性，粒径小而均匀，可在具有渗漏性血管的组织（如肿瘤、炎症区或梗死区）聚集，即所谓增强透过和滞留效应（Enhanced Permeability and Retention Effect，EPR）；具有克服血-脑屏障（Blood Brain Barrier）的功能，结合特异性配体或抗体具有主动靶向性，具有长循环特点、良好的稳定性和生物相容性。

聚合物胶束一般是用两种聚合物组成的嵌段聚合物，通常用线形嵌断共聚物，其亲水区的材料主要是聚乙二醇（PEG）、聚氧乙烯（PEO）或聚乙烯吡咯烷酮（PVP），构成疏水区的材料主要是聚氧丙烯、聚苯乙烯、聚氨基酸、聚乳酸、精胺、短链磷脂等。这两类材料可以构成各种二嵌断（AB）或三嵌断（BAB）两亲性共聚物。由于合成时可以控制亲水段和疏水段的长度及其摩尔比，可以制得不同相对分子质量和不同亲水/疏水平衡的共聚物。要能形成比较稳定的胶束，PEG段的相对分子质量通常在

1 000～15 000，而疏水段的相对分子质量与此相当或稍小。文献中也有用两个亲水聚合物共聚，再在其中之一接上疏水药物（如紫杉醇、顺铂或疏水的诊断试剂等）形成疏水核芯。

聚合物胶束的制备一般分直接溶解法和透析法两种。水溶性较好的材料（如普朗尼克类）可直接溶解于水（可加热溶解），浓度超过溶解度后即可形成透明的聚合物胶束溶液。水溶性差的材料必须同时使用有机溶剂，先在有机溶剂（或含水的混合溶剂）中溶解，再透析除去有机溶剂，可制得聚合物胶束。

载药聚合物胶束制备方法与聚合物胶束类似，有的很简单，将材料（如表面活性剂）先在水中溶解、分散，再加入疏水性药物的适当溶液搅拌即成。此外有以下方法。

1. **物理包裹法**

（1）自组装溶剂蒸发法（薄膜干燥法）。先将材料与药物溶于有机溶剂中，再逐渐加到搅拌的水中，形成聚合物胶束后，加热将有机溶剂蒸发除去即可。

（2）透析法。此法是指将嵌段共聚物和药物溶解在与水混溶的有机溶剂后装入透析袋中用水透析。该法为实验室制备聚合物胶束的常用方法。

（3）乳化-溶剂挥发法。先将难溶药物溶于有机溶剂，同时将聚合物以合适方法制成澄清的聚合物胶束水溶液，再在剧烈搅拌下将有机溶液倒入聚合物胶束溶液中，形成O/W型乳状液，继续搅拌使有机溶剂挥发，滤去游离的药物及其他小分子后，冷冻干燥即得。此法所得的聚合物胶束载药量比透析法略高。

2. 化学结合法

利用药物与聚合物疏水链上的活性基团发生化学反应，将药物共价结合在聚合物上，所制得的载药聚合物胶束可有效避免肾排泄及网状内皮系统的吸收，提高生物利用度。但本法需要有能够反应的活性基团，应用上受到限制。

阿霉素 PEG-PBLA 胶束是将阿霉素（DOX）通过透析法或乳化法包入聚 β-苄基-L-天冬氨酸（PEG-PBLA）嵌段共聚物胶束，PBLA 中的苄基可以与包裹的 DOX 通过 *p*-*p* 作用使载药聚合物胶束稳定。所得的载药量可达 5%～18%。载药后的胶束因疏水核心更稳定，故比空白胶束稳定，能够抗稀释而不离解，也不与血液中的蛋白相互作用。这种载药聚合物胶束静注后对 C26 小鼠的抗癌效果也远优于原药 DOX。

聚离子络合物胶束由完全溶于水的两种带相反电荷的嵌段共聚物组成。首先发现的是用聚 PEG-聚 L-赖氨酸（带正电）与聚 PEG-聚α，β-天冬氨酸（带负电）组成的聚离子络合物胶束（PIC），粒径很窄。由静态光散射实验发现，PIC 的缔合数同带电部分的长度密切相关，因而可以通过改变赖氨酸与天冬氨酸的聚合比来控制 PIC 核芯的大小。当 PEG 分子量不变时，PIC 亲水壳的厚度不会变化，说明 PIC 为单核，即两种嵌段共聚物的疏水段合而为一形成胶束的核芯，其外层被 PEG 伸展的栅栏式链所包围。

（五）树状大分子

树状大分子是一种高度支化、对称、呈辐射状的新型功能高分子（图 15-11）。树状大分子是指从核心分子出发，不断地向外重复支化生长而得到的结构类似于树状的大分子，即核心分子经过分支长到一定长度以后分成两个分枝，如此重复进行，直到长得很稠密，以致于长成像球形一样的树丛。它由内部的核心、内部的多个支化官能团和外部的表面基团三部分组成。

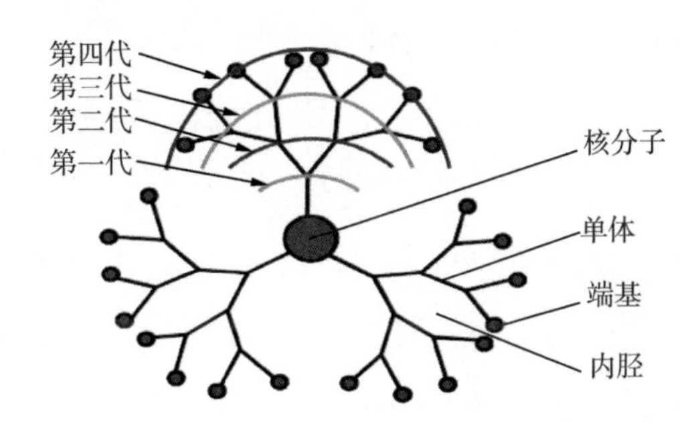

图 15-11　树状大分子示意图

树状大分子的合成法分为发散法和会聚法。发散合成是从所需的树状大分子的中心点开始向外扩展来进行合成反应的。如图 15-12 所示，从中心核开始，该中心核拥有一个或多个反应点，用带有分支结构的单元与中心核反应，即得到了第一代分子。先将第一代分子分支末端的官能团转化为可继续进行反应的官能团，再重复与分支单元反应物进行反应，则得到第二代分子。不断重复以上的两个步骤，就可以得到期望的树状大分子。其优点是化合物增长过程中反应点逐渐增多，可以合成较高的代数；其缺点是末端官能团反应不完全，将会导致下一级产物产生缺陷，而且随着分子的增大，这种现象出现的机会也就越大。

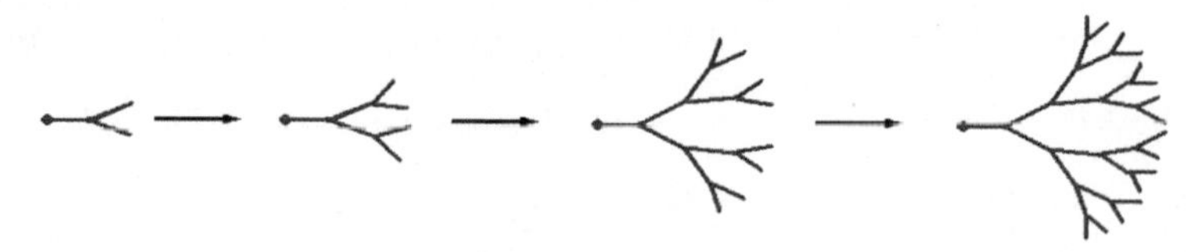

图 15-12　发散法合成树状大分子示意图

会聚法是由树枝形聚合物的外围逐步向内合成的方法。由将要生成树枝形聚合物最外层结构的部分开始，然后与分支单元反应物反应得到第一代分子；之后将基团活化后再与分支单元反应物继续反应，得到第二代分子。如此不断地重复将基团活化，并与分支单元反应物进行连接，就可合成出更高代数的树枝形聚合物。与发散合成相比，其优点是涉及的每步增长过程中反应官能团数目要少一些，使每一步反应总是限制在有限的几个活性中心进行，避免了采用过量的试剂，并降低了由于反应不完全产生“疵点”的概率，产物的结构也更加精致，同时纯化和表征也容易；其缺点则是对立体位阻比较敏感，随着树状大分子（图 15-13）的增长，反应官能团活性减小，反应产率也会下降，且合成的高分子没有发散法合成的大。

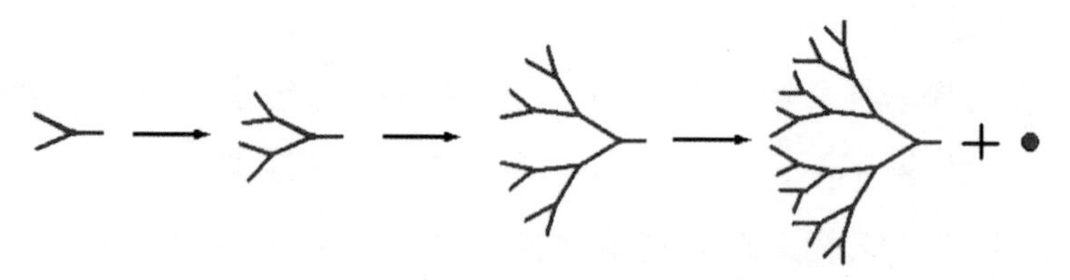

图 15-13　会聚法合成树状大分子示意图

树状大分子内层的空腔和结合点可以包裹药物分子，如基因、抗体和疫苗等物质，作为药物定向运输的载体。

外层表面高密度可控基团，经过修饰可以改善药物的水溶性和靶向作用，通过扩散作用和降解作用实现对药物分子的控制释放。研究人员现已用其与碳纳米管和脂质体来研究通过靶向肿瘤细胞治疗癌症。

（六）病毒载体

病毒载体可将遗传物质带入细胞，原理是利用病毒具有传送其基因组进入其他细胞进行感染的分子机制。其可发生于完整活体（in vivo）或细胞培养（in vitro）中，应用于基础研究、基因疗法或疫苗。病毒类载体的基因传递效率达 90%以上，可使外源基因在宿主细胞中长期表达，是迄今为止最有效的基因转移方法，目前应用于 80%以上的基因治疗临床试验中。

基因疗法中可供利用的病毒可分为逆转录病毒、慢病毒与腺病毒。但仅有少数几种病毒被成功改造为基因转移载体。其携带能力有限，且存在潜在的安全危险性。

目前市场中存在着很多的纳米药物和纳米载体，有长循环及立体稳定脂质体（如阿霉素、两性霉素、柔红霉素、庆大霉素、阿米卡星）、微乳和脂质纳米粒（如地塞米松棕榈酸酯、前列腺素 E1、氟比咯芬乙氧基乙酯）、纳米中药、口服纳米混悬液（如布普拉瓦曲酮、阿托瓦醌）、纳米脂质体的透皮吸收及口服给药（多肽及蛋白质等大分子药物）及磁性纳米粒对病变部位的诊断及治疗。

未来的纳米药物制剂则朝着智能型药物载体前进，如血糖检测及胰岛素释放系统、纳米生物芯片释药系统、癌细胞靶向识别释药系统等。

演示实验

伏立诺他载药纳米胶束的缓释效果验证试验

实验目的

（1）了解纳米胶束的制备方法。

（2）通过细胞增殖实验，了解载药纳米胶束的缓释性能。

实验材料和设备

伏立诺他（SAHA）、伏立诺他-普兰尼克 F127（SAHA-Fluronic F127）载药纳米胶束、空白纳米胶束、二甲基亚砜、磷酸缓冲盐溶液（PBS 缓冲溶液）、Hela 细胞和 MCF-7 细胞、移液枪、细胞培养箱、酶标仪、显微镜、涡旋仪、96 孔板、枪头。

实验原理

口服化疗是目前治疗癌症最主要的手段之一。然而，大多数抗肿瘤药物，特别是那些具有优异抗肿瘤作用的药物，其口服生物利用度较差。纳米技术在不断改变制造药物的方式和服用药物的方式，也为口服化疗提供理想的解决方案。为了解决 SAHA 溶解度差、生物利用度低等问题。图 15-7 为 Pluronic F127 与 SAHA 作用生成 SAHA-

Pluronic F127 纳米效束的示意图。以 Pluronic F127 作为药物载体材料制备 SAHA 载药纳米胶束，发现 SAHA-Pluronic F127 纳米胶束可以提高 SAHA 的溶解度。通过细胞增殖实验验证纳米胶束的缓释效果，是否可以延长药物体内滞留时间，减少服药次数和用药量，来降低药物的毒副作用。

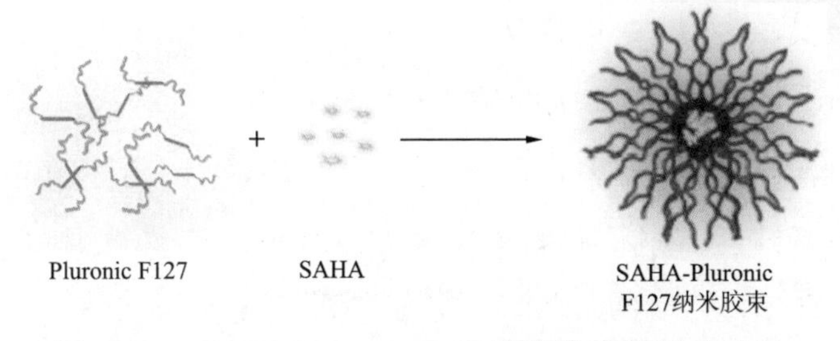

图 15-14　SAHA-Pluronic F127 纳米胶束的形成过程

实验步骤

1. 细胞计数

将预先培养好的 Hela 细胞和 MCF-7 细胞吸掉原来的培养液，用 PBS 缓冲溶液洗 2～3 遍后，加胰酶消化适量的完全培养基，终止消化后重悬，取 200 μL 含有细胞的培养基倒入 800 μL 的 PBS 缓冲溶液中混匀。取少量滴入细胞计数板上，在显微镜下计数。

2. 细胞接种

取适量的细胞原液加入完全培养基，稀释浓度至 80 000 cell/mL，在 96 孔板中每孔加入 100 μL 的细胞悬液，在 96 孔板最外面的每个孔加入等量的 PBS 缓冲溶液，放入培养箱中过夜贴壁。

3. 含药培养基的配置

取SAHA载药纳米胶束、空白纳米胶束和SAHA母液于培养基中涡旋混匀，然后进行梯度稀释至30 μmol/L、15 μmol/L、10 μmol/L、5 μmol/L、1 μmol/L。

4. 药物处理

先小心吸取每个孔中的培养基，再加入200 μL的含药培养基放入培养箱，培养24 h、48 h和72 h后，然后加入20 μL的MTT继续培养4 h，小心去除上清液，最后加入150 μL的DMSO，在避光摇床上轻摇混匀10 min左右。用多功能酶标仪检测波长为490 nm下的吸光值。根据下面公式计算药物作用后细胞的存活率，并绘制细胞存活率-药物作用时间曲线。

细胞存活率＝（实验组吸光值－空白组吸光值）/（正常组吸光值－空白组吸光值）×100%

最后分析实验结果，得出实验结论。由于带负电荷的纳米胶束被免疫细胞清除的速率要比中性的纳米胶束快，因此接近中性电核的普兰尼克纳米胶束有助于延长药物在体内的滞留时间。通过体外药物释药实验，验证载药纳米胶束和单纯的药物相比，可以达到延缓释放的效果。通过细胞增殖实验，验证纳米胶束可以明显提高SAHA的抑癌效果。

实验注意事项

（1）实验过程中务必规范佩戴口罩及手套，束起头发。

（2）实验过程中若需要使用有害化学品，须在实验老师的监督下使用。

思考题

（1）简述靶向给药系统及靶向机理。

（2）纳米药物载体分为哪些种类？各有什么特点？